工程图学精品共享课程建设系列教材

AutoCAD 2013 实用教程

主　编　张云辉
副主编　谷艳华　闫　冠　王瑜蕾　李　军
主　审　侯洪生

科学出版社
北京

内 容 简 介

　　本书为吉林大学"十二五"规划教材,由吉林大学"工程与计算机图学"教研室多位工程图学主讲教师基于吉林大学侯洪生教授主编《计算机绘图实用教程》(科学出版社),结合多年教学经验编写而成。

　　本书以 AutoCAD 2013 中文版为操作平台,内容依据"普通高等院校工程图学课程教学基本要求"精心选取,主要介绍利用该软件二维功能精确绘制各种平面几何图形及机械图样的方法和技巧。全书共 9 章,主要内容包括AutoCAD 2013 基础知识、绘图环境设置、二维图形的绘制与编辑、文字注释、表格创建、图案填充、机件的表达、尺寸与公差的标注、图块与属性、绘制零件图、拼画装配图、参数化绘图等。

　　为了便于组织课堂教学、便于自学者快速掌握操作要领,本书精心安排了章节顺序与内容展开结构。全书结构严谨,针对性强,语言简练,讲解清晰,上机演示实例详略得当,课后练习难易结合、灵活丰富,非常适合作为大中专学校教学与各类培训用教材,同时也可作为初、中级用户自学的参考资料。

图书在版编目(CIP)数据

AutoCAD 2013 实用教程/张云辉主编. —北京:科学出版社,2013.8
工程图学精品共享课程建设系列教材
ISBN 978-7-03-038428-7

Ⅰ.①A… Ⅱ.①张… Ⅲ.①AutoCAD 软件—高等学校—教材
Ⅳ.①TP391.72

中国版本图书馆 CIP 数据核字(2013)第 197184 号

责任编辑:朱晓颖　张丽花/责任校对:邹慧卿
责任印制:闫　磊/封面设计:迷底书装

科 学 出 版 社　出版
北京东黄城根北街 16 号
邮政编码:100717
http://www.sciencep.com

北京市文林印务有限公司 印刷
科学出版社发行　各地新华书店经销
*
2013 年 8 月第　一　版　　开本:787×1092　1/16
2013 年 8 月第一次印刷　　印张:13
字数:332 000
定价:28.00 元
(如有印装质量问题,我社负责调换)

前　言

AutoCAD 是美国 Autodesk 公司开发研制的一种通用计算机辅助设计软件包，在设计、绘图和相互协作等方面展示了强大的技术实力。它具有易于学习、使用方便、体系结构开放等优点，深受广大工程技术人员喜爱。

AutoCAD 2013 集平面作图、三维造型、数据库管理、渲染着色、国际互联网等功能于一体，并提供了丰富的工具集。AutoCAD 在机械、建筑、电子、纺织、地理、航空等领域的产品设计、造型设计、结构设计等各环节得到了广泛的使用。

本书以 AutoCAD 2013 中文版为操作平台，内容依据教育部工程图学教学指导委员会制定的"普通高等院校工程图学课程教学基本要求"精心选取，主要介绍利用该软件二维功能精确绘制各种平面几何图形及机械图样的方法和技巧。

全书共 9 章，主要内容包括 AutoCAD 2013 基础知识、绘图环境设置与基本操作、二维图形的绘制与编辑、特性修改、文字注释、表格创建、图案填充、机件的表达、尺寸与公差的标注、图块与属性、零件图绘制、拼画装配图、参数化绘图等。

本书可作为高等院校相关专业的教材或参考书，也可供其他培训、自学人员使用。

本书主要特色如下：

（1）本书主要介绍 AutoCAD 2013 的二维功能，围绕绘制平面图形及机械图样的方法和技巧展开，针对性强，更注重实用性。

（2）为了便于课堂教学组织与自学者快速掌握操作要领，本书精心安排了章节顺序，结构严谨，内容展开方式合理顺畅，符合操作习惯，容易上手。

（3）全书语言简练、讲解清晰、重点突出、信息量大。

（4）书中安排了大量的上机演示实例与课后练习，步骤介绍详略得当，题目难易结合、灵活丰富。

（5）本书内容丰富、图文并茂，所选图形经典且有代表性，所有图例严格遵照国家标准相关规定，规范准确。

本书为吉林大学"十二五"规划教材，由吉林大学"工程与计算机图学"教研室多位工程图学主讲教师基于吉林大学侯洪生教授主编《计算机绘图实用教程》（科学出版社），结合多年教学经验编写而成。参加本书编写工作的有王瑜蕾（第 1 章、第 5 章）、谷艳华（第 2 章）、张云辉（第 3 章、第 4 章）、李军（第 6 章）、张秀芝（第 7 章、第 9 章）、闫冠（第 8 章）。全书由吉林大学侯洪生教授主审。

在此，感谢全体参编人员的辛苦付出；感谢吉林大学"工程与计算机图学"教研室全体教师多年教学经验与成果的无私分享；感谢吉林大学侯洪生教授在全书编写过程中给予的诚恳建议与热情指导；同时也感谢吉林大学教务处与科学出版社给予的支持与帮助！在本书的编写过程中，广泛参考了国内同类著作、教材，在此特向相关作者致谢。

由于编者水平有限，书中疏漏与不妥之处恳请读者批评指正。

编 者

2013 年 5 月

目　　录

第 1 章　AutoCAD 基础知识

本章学习要点提示

本章将简单介绍 AutoCAD 的主要功能、程序启动与退出的操作方法；主要介绍工作空间及其切换、AutoCAD 的坐标系、坐标值的输入（绝对直角坐标、相对直角坐标和相对极坐标三种形式）及图形文件管理等内容。

1.1　AutoCAD 概述

CAD（computer aided design）技术起始于 20 世纪 50 年代后期。早期的 CAD 技术主要体现为二维计算机辅助绘图，人们借助此项技术来摆脱烦琐、费时的手工绘图。这种情况一直持续到 20 世纪 70 年代末，此后计算机辅助绘图作为 CAD 技术的一个分支而相对独立、平稳地发展。进入 80 年代以来，32 位微型工作站和微型计算机的发展和普及，再加上功能强大的外围设备（如大型图形显示器、绘图仪、激光打印机）的问世极大地推动了 CAD 技术的发展。与此同时，CAD 技术理论也经历了几次重大的创新，形成了曲面造型、实体造型、参数化设计及变量化设计等系统。CAD 软件已做到设计与制造过程的集成，不仅可进行产品的设计计算和绘图，而且能实现自由曲面设计、工程造型、有限元分析、机构仿真、模具设计制造等各种工程应用。

AutoCAD 是美国 Autodesk 公司开发研制的一种通用计算机辅助设计软件包，它在设计、绘图和相互协作等方面展示了强大的技术实力。由于其具有易于学习、使用方便、体系结构开放等优点，因而深受广大工程技术人员的喜爱。早期的版本只是绘制二维图的简单工具，现在它已经集平面作图、三维造型、数据库管理、渲染着色、国际互联网等功能于一体，并提供了丰富的工具集。所有这些使得用户能够轻松快捷地进行设计工作，还能方便地重复使用各种已有的数据，从而极大地提高了设计效率。AutoCAD 在机械、建筑、电子、纺织、地理、航空等领域的产品设计、造型设计、结构设计等各环节得到了广泛的使用。

1.1.1　主要功能简介

AutoCAD 2013 主要具有以下几个方面的功能。

1. 二维绘图与编辑

利用此软件可以方便地创建各种基本二维图形；可以为指定的区域填充图案；可以将常用图形创建成块，在需要的时候将其插入拼接即可。将绘图与编辑功能结合运用，将会快捷、准确地绘制各种复杂图形。

2. 创建表格

与其他文字处理软件相同，用户可以直接创建或者编辑表格，还可以合并单元格、插入表格等，这样便于以后使用相同的表格。

3. 三维绘图与编辑

用户可以绘制各种形式的基本曲面模型和实体模型。其中，可以创建的曲面模型包括长方体表面、锥面、球面、楔面、环面、旋转曲面、平移曲面、复杂网格面等；可以创建的基本实体模型有长方体、球体、柱体、锥体、圆环体、楔体等；还可以通过拉伸、扫掠、旋转、放样等方式，实现由基本实体模型创建出复杂的实体模型或通过实体模型直接生成二维多视图。

4. 标注文字与尺寸

用户利用文字标注功能可以对文字进行样式设置并标注；利用尺寸标注功能还可以更改已有的标注值或标注样式，可以实现关联标注。

5. 视图显示控制

在 AutoCAD 中可以方便地以多种方式放大或缩小所绘图形或改变图形的显示设置。对于三维图形，可以改变观察视点，也可将绘制图形分为多个视口，从而在多个视口从不同方位显示同一图形。对于曲面或者实体模型，可以用不同的视觉样式及渲染方式显示，还可以设置渲染时的光源、场景、材质等。

6. 绘图实用工具

用户通过采用不同形式的绘图辅助工具设置绘图方式，以提高绘图的效率和准确率。利用特性选项模板，能够方便地查询或编辑所选择对象的特性。用户可以将常用的块、填充图案、表格等命名对象或 AutoCAD 命令放到工具选项板，以便执行相应的操作。利用标准文件功能，可以对诸如图层、文字样式或线型之类的命名对象定义标准的设置，以保证同一单位、部门、行业以及合作伙伴在所绘图形中对这些命名对象设置的一致性。

7. 数据库管理

在 AutoCAD 中可以将图形对象与外部数据库中的数据进行并联，这些数据库是由独立于 AutoCAD 的其他数据库为其建立的。

8. Internet 功能

AutoCAD 提供了强大的 Internet 工具，使用户之间共享资源和信息，即使是不熟悉 HTML 编码，用户利用 AutoCAD 的网上发布向导，也可以方便快捷地创建格式化的 Web 页，利用电子传递功能，可以将 AutoCAD 图形及相关文件压缩成 ZIP 文件或其他自解压模式，然后将其以单个数据包的形式传递给用户、工作人员或者其他相关人员。利用超链接功能，可以将 AutoCAD 图形与其他对象（文档、数据表格、动画、声音等）建立连接。此外，AutoCAD 还提供了一种安全且适宜在 Internet 上发布的文件格式——Dwf 格式。利用 AutodeskDWFViewer，可准确显示设计信息。

9. 图形的输入、输出

用户可将不同格式的图形导入到 AutoCAD 或将 AutoCAD 图形以其他格式输出。

10. 图纸管理

利用图纸集管理功能，可以将多个图形文件组成一个图纸集，从而合理有效地管理图形文件。

11. 开放的体系结构

作为通用 CAD 绘图软件包，AutoCAD 提供开放的平台，允许用户用 VP、VB、VBA、VC++等多种软件对其进行二次开发，以满足不同专业需求。

1.1.2 AutoCAD 启动与退出

AutoCAD2013 主要有以下三种启动方式。

(1) 使用"开始"菜单：单击桌面左下方的"开始"按钮，在弹出的菜单中执行"所有程序" > "Autodesk" > "AutoCAD2013"选项，启动程序。

(2) 使用快捷图标：在桌面上，双击 AutoCAD2013 快捷图标，即可启动程序。

(3) 打开 CAD 文件：打开"*.dwg"格式的文件，也可启动程序。

AutoCAD2013 的退出很简单，只需单击其界面上的关闭按钮，即可退出程序。

1.2 AutoCAD 工作空间与操作界面

AutoCAD2013 为用户提供了草图与注释、三维基础、三维建模、AutoCAD 经典四种工作空间，不同的工作空间之间可以进行切换，选择不同的空间可以进行不同的操作。

1.2.1 切换工作空间

常用切换工作空间的操作方法有如下两种。

(1) 列表框：单击快速访问工具栏中工作空间列表框，在弹出的下拉列表中选择所需工作空间，如图 1-1 所示。

(2) 按钮：单击操作界面右下角状态栏中"切换工作空间"按钮，在弹出的菜单中选择所需工作空间，如图 1-2 所示。

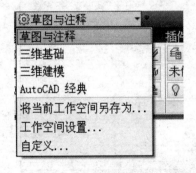

图 1-1　通过列表框切换工作空间　　　　图 1-2　通过按钮切换工作空间

1.2.2 三维基础空间

在三维基础空间中能够非常方便地创建基本的三维模型，其功能区提供了常用的三维建模、布尔运算及三维编辑工具按钮，如图 1-3 所示。

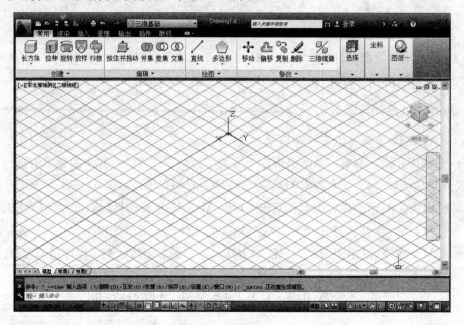

图 1-3 三维基础空间

1.2.3 三维建模空间

其功能区选项板中集中了三维建模、视觉样式、光源、材质、渲染和导航等面板，为绘制和观察三维图形、附加材质、创建动画、设置光源等操作提供了非常便利的环境，如图 1-4 所示。

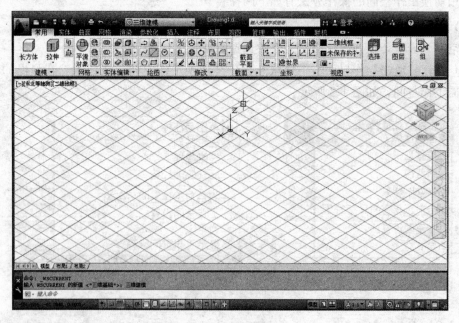

图 1-4 三维建模空间

1.2.4 AutoCAD 经典空间

AutoCAD 经典空间与 AutoCAD 传统界面相似，主要有菜单浏览器按钮、快速访问工具栏、菜单栏、工具栏、绘图区与命令行窗口、状态栏等，如图 1-5 所示。

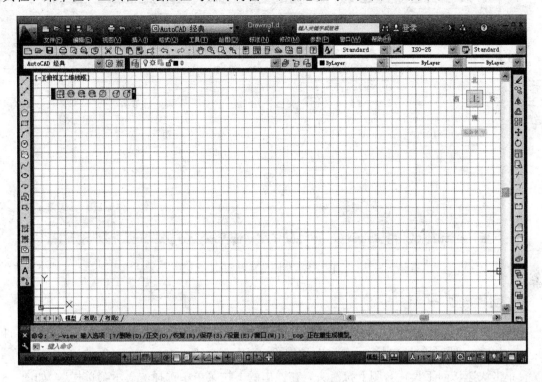

图 1-5 AutoCAD 经典空间

1.2.5 草图与注释空间

草图与注释空间是 AutoCAD2013 默认的工作空间，其界面主要由菜单浏览器按钮、快速访问工具栏、功能区选项板、绘图区与命令行窗口、状态栏等组成。在该空间中，可以方便地使用"常用"选项卡中的"绘图"、"修改"、"图层"、"注释"、"块"、"特性"等面板绘制和编辑二维图形，如图 1-6 所示。

1.2.6 草图与注释空间的操作界面

1. 标题栏

标题栏位于界面的顶部，它显示了系统正在运行的应用程序和用户正使用的图形文件的信息。

2. 菜单浏览器

单击菜单浏览器按钮▲，可以展开 AutoCAD2013 用于管理图形文件的命令，如图 1-7 所示。通过菜单浏览器，用户可以浏览文件和缩略图，了解图形尺寸和文件创建者的详细信息。

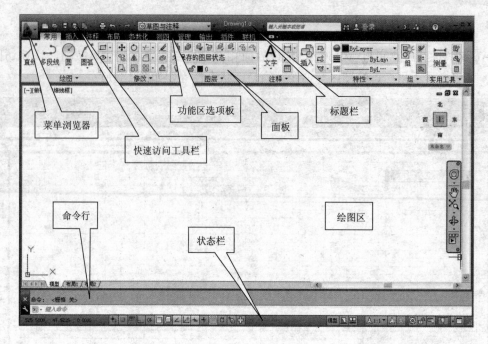

图 1-6　草图与注释空间

3. 快速访问工具栏

　　该工具栏提供了操作 AutoCAD 时常用的几个工具按钮, 分别是"新建"按钮□、"打开"按钮□、"保存"按钮□、"打印"按钮□、"放弃"按钮□和"重做"按钮□等。

　　单击快速访问工具栏右侧下拉箭头, 在弹出的下拉菜单中选择"显示菜单栏", 如图1-8所示, 即可在操作界面中显示由"文件"、"编辑"、"视图"等组成的菜单栏, 如图 1-9 所示。重复操作便可隐藏菜单栏。

图 1-7　菜单浏览器的下拉菜单

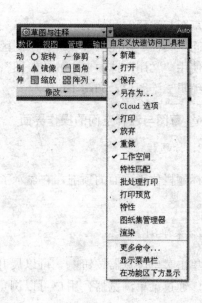

图 1-8　显示菜单栏的操作

图 1-9   显示菜单栏

菜单栏是 AutoCAD2013 的主菜单，利用菜单能够执行 AutoCAD 的大部分命令。单击菜单栏中某一菜单，即可展开该下拉菜单。如单击"工具"，在其下拉菜单中执行"工具栏"选项中"AutoCAD"选项，在子菜单中单击"修改"，即可弹出"修改"工具栏，如图 1-10 所示。AutoCAD 提供了 50 多个工具栏，每个工具栏上都有一些命令按钮。将光标放在上面稍作停留，即会弹出工具提示，以说明该按钮的功能以及对应的绘图命令。

AutoCAD 还提供了快捷菜单，用于快速执行 AutoCAD 的常用操作。如在某一工具栏上任意位置单击鼠标右键可打开快捷菜单，在弹出的快捷菜单可选择所需要的工具栏，如图 1-11 所示。当前的操作不同或光标所处的位置不同时，打开的快捷菜单也不同。

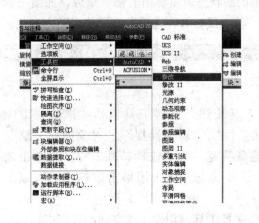

图 1-10   弹出"修改"工具栏的操作

图 1-11   "修改"工具栏的快捷菜单

4. 功能区选项板

功能区选项板中有"常用"、"插入"、"注释"、"布局"、"参数化"、"视图"等几个选项卡，初始界面中显示的是"常用"选项卡，它由"绘图"、"修改"、"图层"、"注释"、"块"、"特性"、"组"等九个面板组成。这些面板上集中了绘图时常用的绘图命令和修改编辑命令，是二维绘图的主要功能区，如图 1-9 所示。单击面板标题右侧的下拉箭头，即可完全展开该面板，为防止再度收回，应单击面板左下角的"图钉"图标，将其固定，如图 1-12 所示。

5. 命令行

命令行用于显示用户输入的命令及命令执行时显示其相关信息。用户必须按照命令窗口的提示进行每一步操作，直到完成该命令。

按 F2 键可以打开独立的文本窗口，如图 1-13 所示。文本窗口是放大的命令行窗口。当用户需要查询大量信息和操作的历史记录时，使用该窗口非常方便。

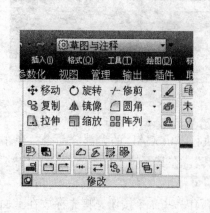

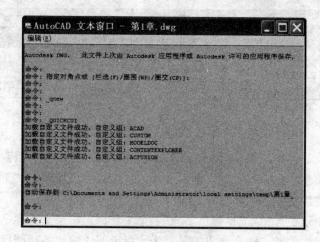

图 1-12　展开并固定面板　　　　　　　　　　图 1-13　文本窗口

6. 状态栏

状态栏位于界面底部，它显示了 AutoCAD 当前的状态，主要由五部分组成，如图 1-14 所示。状态栏的左端显示光标的坐标位置，当用户移动鼠标时，这里的坐标值也随之变化。

图 1-14　状态栏

状态栏左部的辅助绘图工具栏中有 15 个工具按钮。这些工具包括"推断约束"、"捕捉模式"、"栅格显示"、"正交模式"、"极轴追踪"、"对象捕捉"、"对象捕捉追踪"、"允许/禁止动态 UCS"、"动态输入"、"显示/隐藏线宽"和"快捷特性"等。当单击辅助工具按钮，呈蓝色状态时，表明该工具处于打开状态。再次用单击该按钮，可以关闭此绘图辅助工具。

状态栏右侧三组按钮分别为模型与图纸布局、注释工具、切换工作空间与锁定工具栏。单击状态栏最右侧"全屏显示"按钮□，可全屏显示绘图区的图形。

7. 绘图区

位于界面中部的空白区域为绘图区，用于绘制和显示图形。绘图区没有边界，可以绘制尺寸很大的图样，用户通过导航栏中的"缩放"、"平移"等命令来观察图形。

AutoCAD 默认打开绘图区右上角的 ViewCube 图标（图 1-15），利用该工具可以方便地将视图按不同的方位显示，但对于二维绘图而言，此功能的作用不大。

AutoCAD 默认弹出导航栏，位于绘图区右侧中部（图 1-16），其中"平移"命令可以

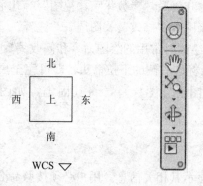

图 1-15　ViewCube 图标　　图 1-16　导航栏

沿屏幕方向平移视图，"范围缩放"命令可以缩放以显示所有对象的最大范围。

1.3　AutoCAD 的坐标系

用户在绘图过程中，AutoCAD 会经常提示需要确定点的位置。输入坐标值以确定点的位置是最基本的方法，因此用户应了解坐标系的概念和坐标值的输入方法。

1.3.1　世界坐标系

世界坐标系（简称 WCS）是 AutoCAD 默认的坐标系，由水平的 X 轴、垂直的 Y 轴以及垂直于 X-Y 平面指向用户的 Z 轴组成。坐标原点位于绘图区的左下角，向右为 X 轴的正方向，向上为 Y 轴的正方向，如图 1-17 所示。该坐标系的坐标原点和坐标轴的方向是不能改变的。

图 1-17　世界坐标系图标

1.3.2　用户坐标系

为了更好地辅助绘图，有时需要修改坐标系的原点位置和坐标轴的方向，这就需要使用可变的用户坐标系（简称 UCS），用户可以自行定义 UCS。默认情况下，世界坐标系和用户坐标系重合。

1.3.3　坐标值的输入

用户可以直接通过键盘输入点的坐标值，且输入时常用绝对直角坐标、相对直角坐标或相对极坐标三种形式。

1. 绝对直角坐标

绝对直角坐标是指相对于当前坐标系原点的直角坐标。输入格式为：X 坐标值，Y 坐标值。

例如：用绝对直角坐标绘制图 1-18（a）中的线段 AB。

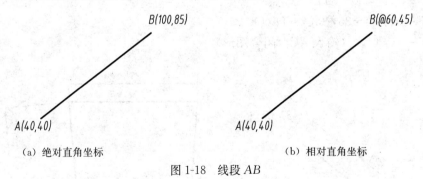

（a）绝对直角坐标　　　　　　　　　　　　（b）相对直角坐标

图 1-18　线段 AB

单击"绘图"面板中的"直线"按钮，AutoCAD 提示：

指定第一个点：40，40 ↙（A 点）

指定下一点：100，85 ↙（B 点）

指定下一点：按 Enter 键结束命令。

注意：①在输入坐标时，逗号应是英文标点；②默认状态下，输入的是相对坐标，因此在输入绝对坐标时，应关闭辅助工具按钮"动态输入" 。

2. 相对直角坐标

相对直角坐标是指相对于前一坐标点的直角坐标差。应输入当前点相对于前一点的坐标增量，格式为：$@\Delta X$，ΔY。

例如：用相对直角坐标绘制图 1-18（b）中的线段 AB。

单击"绘图"面板中的"直线"按钮✎，AutoCAD 提示：

指定第一个点：40，40✓（A 点）

指定下一点：@60，45✓（B 点）

指定下一点：按 Enter 键结束命令。

注意：相对坐标值前需加前缀符号"@"；坐标增量值可正可负，以表示不同方向。

3. 相对极坐标

极坐标系由一个极点和一根极轴构成，水平向右为极轴的零度方向。当前点的相对极坐标是由该点到前一点的连线长度、连线与由前一点出发的极轴零度方向的夹角组成的。角度值以逆时针方向为正，顺时针方向为负。格式为：@长度值<角度值。

例如：用相对极坐标绘制图 1-19 中的线段 BC。

单击"绘图"面板中的"直线"按钮✎，AutoCAD 提示：

指定第一个点：在绘图区合适的位置单击确定 B 点

指定下一点：@38<37✓（C 点）

指定下一点：按 Enter 键结束命令。

综合举例：绘制图 1-20 中的四边形 $ABCD$。

单击"绘图"面板中的"直线"按钮✎，AutoCAD 提示：

指定第一个点：在绘图区合适的位置单击确定 A 点

指定下一点：@30，0✓（B 点）

指定下一点：@30<85✓（C 点）

指定下一点：@-35，0✓（D 点）

指定下一点：C✓（输入"C"闭合图形）

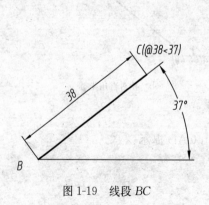

图 1-19　线段 BC　　　　　　图 1-20　四边形 $ABCD$

1.4 图形文件管理

本节介绍创建新图形文件、打开已有的图形文件以及保存所绘图形文件等操作。

图形文件管理命令的启动可以利用"菜单浏览器"下拉菜单中的选项，如图 1-7 所示；或单击"快速访问工具栏"中的命令按钮；也可选用"文件"下拉菜单中的相应选项，如图 1-21 所示。

图 1-21 "文件"下拉菜单

1.4.1 新建图形文件

（1）命令功能：新建（QNew）命令用来创建一个空白的图形文件。

（2）操作方法：单击"新建"命令按钮 。AutoCAD 弹出"选择样板"对话框，如图 1-22 所示，在"名称"列表框中选择一个合适的样板，如"acadiso.dwt"，也可单击"打开"按钮右侧下拉箭头，选择"无样板打开—公制（M）"，即可新建一个图形文件。

1.4.2 保存图形文件

保存的作用是将内存中的文件信息写入磁盘以便日后使用。

（1）命令功能：保存（QSAve）命令用来保存当前的图形文件。

（2）操作方法：单击"保存"命令按钮 ，如果当前图形文件没有命名保存过，AutoCAD 弹出"图形另存为"对话框，如图 1-23 所示，在"保存于"列表框中设置文件的保存路径，在"文件名"文本框中输入保存文件的名称，单击"保存"按钮即可。文件保存后，如果再执行"保存"命令，系统就会自动按原保存路径和原文件名存盘，而不再给任何提示。

AutoCAD 还提供"另存为（SAVEAS）"命令 ，该保存方式相当于备份原文件，保存之后原文件仍然存在，只是两个文件的保存路径或文件名称不同而已。

图 1-22　"选择样板"对话框

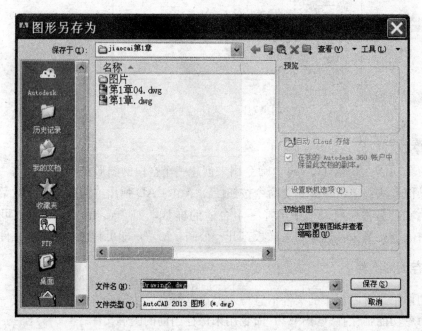

图 1-23　"图形另存为"对话框

1.4.3　打开图形文件

（1）命令功能：打开（OPEN）命令用来打开现有的图形文件。

（2）操作方法：单击"打开"命令按钮 ，AutoCAD 弹出"选择文件"对话框，如图 1-24 所示，在"查找范围"列表框中指定打开文件的路径，选中待打开的文件，单击"打开"按钮即可。

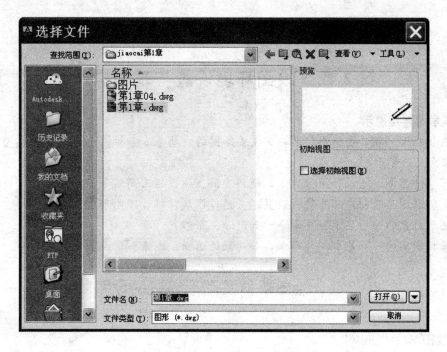

图 1-24   "选择文件"对话框

1.5 上机实践

绘制图 1-25 所示的多边形,练习三种坐标输入形式及文件保存命令。

提示:关闭动态输入,利用直线命令,按照点 A、B、C、D、E、F、G、H、J、K、L、A 的顺序通过输入各点的绝对直角坐标、相对直角坐标或相对极坐标绘制各条线段,完成多边形。

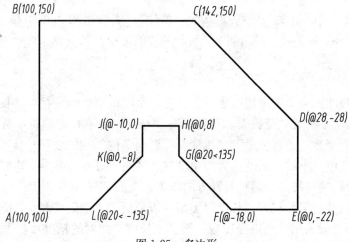

图 1-25   多边形

第 2 章　绘图环境设置与基本操作

本章学习要点提示

1. AutoCAD 2013 绘制图形前应先设置绘图的一些基本条件，如绘图单位类型和精度、图形界限、图形背景等。

2. 掌握绘图命令输入和执行方法，使用直线、圆、矩形简单命令绘制图形。

3. 掌握新图层的创建及其特性设置，并通过图层特性管理图形对象。

4. 图形对象的一些显示控制命令，如缩放、平移。

5. 掌握常用的一些基本操作命令，如对象的选择、删除、重画和重生成。

2.1　绘图单位及图形界限的设置

2.1.1　绘图单位 "Units"

绘图前需先设置图形的单位类型和图形界限。

1. 命令功能

图形单位的设置主要包括设置"长度"单位类型、"精度"，"角度"单位类型、精度和角度方向。

2. 操作方法

执行图形单位命令的三种方法："AutoCAD2013 中文版 ▲ " | "图形实用工具" | "单位"，见图 2-1；或"格式"下拉菜单 | "单位"；或键盘输入单位命令"Units"后按Enter键。执行 Units 命令后，弹出图 2-2 所示的"图形单位"对话框。

3. 选项说明

（1）长度、角度：两个选项组分别设置长度、角度单位类型及精度。长度单位类型包括"建筑"、"小数"、"工程"、"分数"和"科学"。"精度"表示长度单位小数点后的位数。角度类型有"十进制度数"、"百分度"、"弧度"、"勘测单位"和"度/分/秒"五个选项，角度单位精度显示角度单位小数点后的位数。角度默认"东"方向为零度，逆时针方向作为角度的正方向。若选择"顺时针"，则顺时针方向作为角度的正方向。

国家标准《机械制图》规定"长度"类型一般采用"小数"类型，"长度"单位为毫米（mm）。角度类型一般采用"十进制度数"类型。长度、角度的精度可根据需要选择，一般选择默认设置。

（2）插入时的缩放单位：设置插入图形时的缩放单位。源对象（块或图形）插入到当前图形后定义为目标对象，该选项控制目标对象的大小。例如源对象图形单位为"毫米"，在当前图形中"插入时的缩放单位"选项中也选择"毫米"，如图 2-2 所示，计算插入的比例为 1，图形插入后目标对象与源对象的大小一致，如图 2-3（a）所示大小。如果"插入时的缩放单位"选择"厘米"，如图 2-2 中右侧圆圈内的设置，插入时的比例值为 0.1（1：10），源对象插入后的目标对象如图 2-3（b）所示大小，两种缩放单位的设置分别对应插入时的两种比例值。该选项组在插入外部参照或块时可灵活应用，一般采用默认设置。

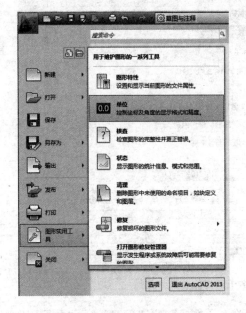

图 2-1　"绘图单位"的命令

图 2-2　"图形单位"对话框

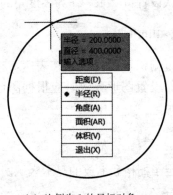

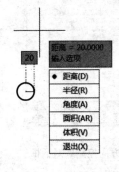

（a）比例为 1 的目标对象　　　　　　　（b）比例为 0.1 的目标对象

图 2-3　"插入时的缩放单位"控制插入比例

如果在当前图形中插入源对象时不设定缩放比例，应选择"无单位"。插入时的比例将根据"选项"对话框的"用户系统配置"选项卡中"插入比例"选项组"源内容单位"和"目标图形单位"的设置计算的比例，如图 2-4 所示。

（3）输出样例：设置长度、角度单位类型和精度后，在该区域预览单位设置的示例。

（4）光源选项组：下拉列表框中选择光源强度的单位，控制当前图形中的光源，一般控制渲染输出时的效果。

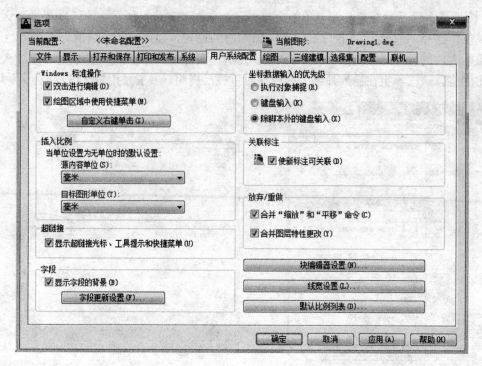

图 2-4　"用户系统配置"选项卡中的单位和插入比例

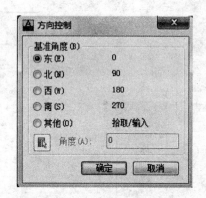

图 2-5　"方向控制"对话框

（5）方向：单击"方向"按钮后显示"方向控制"对话框，如图 2-5 所示，可更改对话框中定义起始角（零度角）的方位，默认设置将"东"作为零度角的方向。

2.1.2　图形界限"limits"

图形界限通过栅格显示的区域来表达，相当于手工绘图时的图纸大小。设置图形界限时应根据图形对象的大小和绘图比例来决定。

1. 命令功能

图形界限确定了栅格和缩放的显示区域。

2. 操作方法

执行图形界限命令的两种方法：单击"格式"下拉菜单｜"图形界限"，如图 2-6 所示；或输入图形界限命令"Limits"后按 Enter 键。

执行"Limits"命令，命令提示行提示：

重新设置模型空间界限：

指定左下角点或［开（ON）/关（OFF）］＜0，0＞：✓（输入模型空间栅格区域左下角点的坐标值，直接按 Enter 键默认坐标原点为左下角点）

指定右上角点＜420，297＞：✓（输入模型空间栅格区域右上角点的坐标值，直接按 Enter 键默认右上角点的坐标值为 420，297）

这时左下角点（坐标原点）和右上角点（420，297）确定的区域为栅格的范围，即为图形界限。如图 2-7 所示，默认栅格区域为 420mm×297mm，这是工程制图中 A3 图纸的大小。图形界限可根据实际需要按照国标中工程制图幅面标准的要求设置。

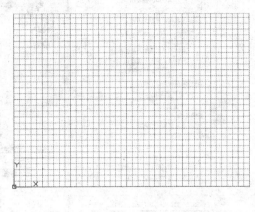

图 2-6 "格式"下拉菜单中"图形界限"命令　　　　图 2-7 A3 图幅的图形界限

3. 选项说明

（1）"开（ON）"：表示打开图形界限检查。当界限检查打开时，拒绝输入位于图形界限外部的点。但是注意，因为图形界限检查只检测输入的点坐标，所以点之外图形对象的其余部分可延伸出图形界限之外。例如，输入的圆心坐标应在绘图界限内，但圆的曲线可以超过图形界限。

（2）"关（OFF）"：表示关闭图形界限检查，可以在界限之外输入点坐标，这是默认设置。

2.1.3 背景颜色

1. 命令功能

更改窗口中绘图区的背景颜色。

2. 操作方法

单击"工具"下拉菜单｜"选项"子菜单，在弹出的"选项"对话框中，单击"显示"选项卡，在"窗口元素"选项组中单击"颜色"，出现"图形窗口颜色"对话框，选择"二维模型空间"｜"统一背景"｜"颜色"，即顺序完成图 2-8 中编号①②③④的操作，可改变窗口中绘图区的背景颜色。

提示：

（1）AutoCAD2013 绘制图形之前应按照国家标准（GB/T 4690—1993）规定的比例值选取绘图比例，根据零部件实际尺寸确定所绘图形的大小，以决定图形界限。

（2）建议绘图时采用 1∶1 的比例绘制图形，以避免繁琐的尺寸换算，待图形最终绘制完成后，统一改变图形大小，但需在"尺寸样式"设置中调整"测量单位比例"的比例因子，保证尺寸不随图形发生变化，详细见6.1节尺寸标注样式的设置。

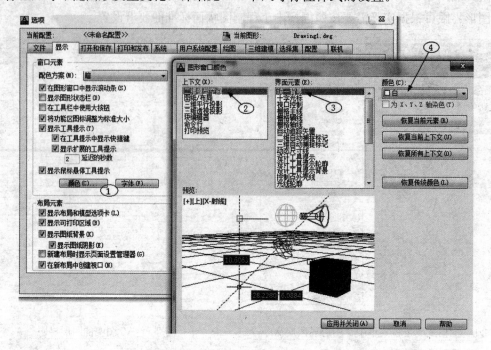

图 2-8　更改图形区"背景颜色"的步骤

2.2　命令的基本操作

2.2.1　命令的输入与执行

CAD软件属于人机交互式软件，当进行绘图、编辑、查看等操作时，首先要发出命令，一般通过以下方式启动命令。

1. 键盘输入命令

当命令窗口当前行提示为"命令："时，表示当前的状态处于命令接收状态。通过键盘输入某一英文命令（或命令的简写）后，按Enter键或空格键，即可执行相应的命令。执行命令后，命令行会给出提示选项或弹出对话框，要求用户执行后续操作。当采用键盘输入命令时，需要用户记住软件中规定各命令的英文书写或英文的简写。通过单击"工具"下拉菜单 ｜"自定义"子菜单 ｜ "编辑程序参数（acad. pgp）"，即可显示用记事本打开的acad. pgp 文件，用户可以查看各命令英文的书写及对应的英文简写。

2. "下拉菜单"执行命令

单击下拉菜单或子菜单中的选项，执行相应的命令。

3. "工具栏"执行命令

单击工具栏上的图标按钮，执行命令。

4. "选项卡"中"面板"执行命令

如图 2-9 所示，窗口上方面板上任意图标处单击右键，可见"添加到快速访问工具栏"、"显示选项卡"和"显示面板"三项内容。选择"显示选项卡"下子菜单的选项，即开启了相应的"选项卡"项；当选择"显示面板"下子菜单的选项，如图 2-10 所示，控制相应面板的打开和关闭。图 2-11 为"常用"选项卡下的"绘图"面板。

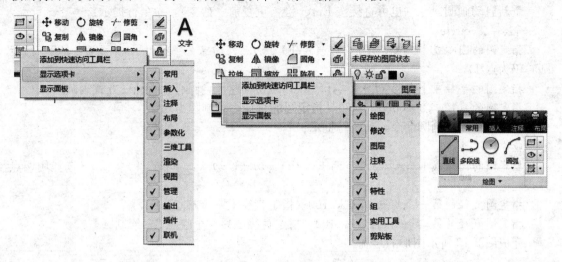

图 2-9 "选项卡"的开启　　　　　　图 2-10 "面板"的开启　　　　　　图 2-11 "绘图"面板

2.2.2 综合举例

利用图 2-11 所示"常用"选项卡中"绘图"面板内绘图命令绘制图 2-12、图 2-13、图 2-14 所示图形。

例 2-1 绘制图 2-12 所示的三角形。

操作步骤：

单击图 2-11 中"绘图"面板的"直线"命令按钮 ，命令的提示：

指定第一个点：10，10（输入第一个点 A 的绝对坐标）

指定下一点或［放弃（U）］：@15，0（输入点 B 对点 A 的相对坐标）；

指定下一点或［放弃（U）］：@15<90（输入点 C 对点 B 的相对极坐标）；

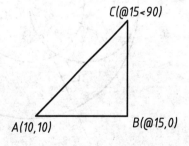

图 2-12 绘制三角形

指定下一点或［闭合（C）/放弃（U）］：c（输入"C"后按 Enter 键，C 点与 A 点会自动连线，形成闭合图形）

完成图 2-12 三角形 ABC 的绘制。

提示：AutoCAD 2013 中，如启动辅助工具"动态输入"按钮 DYN，系统默认设置指针输入方式为相对坐标方式；关闭"动态输入"，默认坐标输入方式则为绝对坐标方式。但输入方式可以重新设置，步骤为：在辅助工具"动态输入"按钮 DYN 处单击右键｜"设置"｜"草图设置"｜"动态输入"｜"指针输入"中单击"设置"，可在"指针输入设置"对话框中进行设置。详细操作可参见 3.2.5 小节。

例2-2 绘制图2-13所示图形。

单击"圆"命令按钮 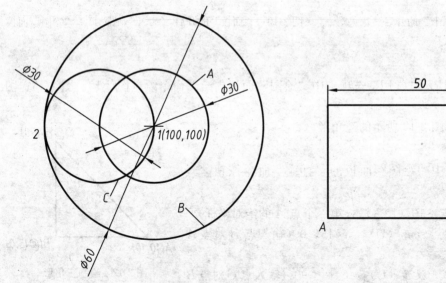，启动画圆命令，命令行提示：

命令：_ circle

指定圆的圆心或 [三点 (3P) /两点 (2P) /切点、切点、半径 (T)]：100，100 ✓（指定圆心点1的绝对坐标）

指定圆的半径或 [直径 (D)] <14.3204>：15 ✓（指定圆的半径，绘制圆A）

重新启动画圆命令（也可直接按Enter键，重复前一命令），命令行提示：

命令：_ circle

指定圆的圆心或 [三点 (3P) /两点 (2P) /切点、切点、半径 (T)]：100，100（指定圆心仍为点1）

指定圆的半径或 [直径 (D)] <15.0000>：d（选择"圆心、直径"方式画圆）

指定圆的直径 <30.0000>：60（指定圆的直径，绘制圆B）

再次重复启动画圆命令，命令行提示：

命令：_ circle

指定圆的圆心或 [三点 (3P) /两点 (2P) /切点、切点、半径 (T)]：2p（选择用两点方式画圆）

指定圆直径的第一个端点：100，100（指定直径上一个端点1）

指定圆直径的第二个端点：70，100（指定直径上另一个端点2，绘制圆C）

完成图2-13所示图形的绘制。

图 2-13　绘制圆的几种方法

图 2-14　绘制矩形

例2-3 绘制图2-14所示矩形。

操作步骤：

单击图2-11中"绘图"面板的上"矩形"命令按钮 ▭，启动绘制矩形命令，命令行提示：

命令：_ rectang

指定第一个角点或 [倒角 (C) /标高 (E) /圆角 (F) /厚度 (T) /宽度 (W)]：在绘图窗口中任意指定矩形的A角点

指定另一个角点或 [面积 (A) /尺寸 (D) /旋转 (R)]：@50，30 ✓（确定B角点）

完成图2-14所示矩形的绘制。

2.2.3 命令的终止与重复

1. 终止命令

在命令执行的过程中，一般情况启动下一个命令或直接按 Enter 键可以结束上一个命令。按 Esc 键可无条件终止任何一个命令的操作。

2. 重复命令

当结束命令后，若需要马上重复执行该命令，除可以通过 2.2.1 介绍的四种方法外，还可以使用以下方式重复执行命令：

（1）直接按键盘上的 Enter 键或空格键重复上一次的命令。

（2）使光标位于绘图窗口的空白处，单击鼠标右键会弹出快捷菜单，并在菜单的第一行显示出重复上一次的命令，选择此菜单项可以重复执行命令。同样也可以在单击鼠标右键弹出的快捷菜单上"最近的输入"命令中重新选择最近执行的命令。例如：结束"直线"命令后，单击鼠标右键，会在快捷菜单的第一行显示"重复 Line"项或"最近的输入"中选择"Line"，重复执行 Line 命令，如图 2-15 所示。

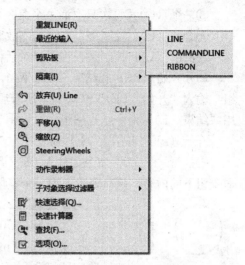

图 2-15　右键快捷菜单

2.2.4 放弃命令"U"/"Undo"

1. 命令功能

放弃命令包括放弃一个命令"U"和放弃多个命令"Undo"。

2. 操作方法

执行放弃命令的三种方法："编辑"下拉菜单｜"放弃"；或"标准"工具栏｜"放弃"；或键盘输入 放弃命令"U"或"Undo"。在命令行中输入"U"和"Undo"得到的操作提示是不同的，输入"U"只取消单个操作命令，输入"Undo"时，可取消命令组。执行"Undo"命令后，命令行显示：

命令：Undo 默认设置：自动=开，控制=全部，合并=是

输入要放弃的操作数目或 ［自动（A）/控制（C）/开始（BE）/结束（E）/标记（M）/后退（B）]＜1＞：

3. 放弃命令"Undo"选项说明

（1）数目：指定放弃已执行的命令数量，执行该选项设定的数量后，放弃的结果与多次输入"U"放弃命令相同。

（2）控制（C）：开启、限制或关闭"Undo"命令。执行"C"后，命令行提示：

输入 UNDO 控制选项 [全部（A）/无（N）/一个（O）/合并（C）/图层（L）] <全部>：

"控制"选项中各项说明：

①全部（A）："Undo"命令的全部功能有效。

②无（N）："Undo"命令失效，即关闭"U"和"Undo"命令。关闭"U"和"Undo"命令后，"标准"工具栏上的"放弃"命令按钮不可用。如果想恢复使用"Undo"命令，输入"Undo"命令后，在命令行后选择"全部（A）"即可。

③一个（O）：每次只取消一个命令，限制为单步操作，相当于"U"命令。

④合并（C）：控制多个连续的缩放和平移命令合并为一个单独的操作。

⑤图层（L）：控制是否将图层对话框中的操作合并为单个放弃操作。

（3）开始（BE）和结束（E）：两个选项需配合使用，将一系列命令操作编成一个命令组。输入"开始（BE）"选项后，所有后面的命令操作都将成为此命令组的一部分，直到使用"结束（E）"命令结束编组。"Undo"或"U"将会将命令组操作视为单步操作。

开始（BE）和结束（E）命令操作步骤如下：

①执行"Undo"命令，输入 BE（开始），开始构建命令组。随后进行的命令操作都是命令组下的内容，该命令组作为一个整体执行命令；

图 2-16　圆和直线

②绘制图 2-16 中的圆和两条直线；

③执行"Undo"命令，输入"E"（结束），结束命令组的构建；

④执行"Undo"命令，按 Enter 键后可将圆和两条直线一次删除，即将命令组一并删除，命令行提示"GROUP LINE CIRCLE"。

（4）"标记（M）"和"后退（B）"："标记（M）"在放弃过程中放置"标记"，当"后退（B）"返回到设置"标记"的位置时停止放弃操作，即返回到"标记"位置后不能再后退。如果使用"U"命令放弃，多次放弃后到达该"标记"时程序也会给出提示。如果没有建立"标记"，使用"后退（B）"命令时可以取消绘图过程的所有操作，并给予提示。

"标记（M）"和"后退（B）"命令操作步骤如下：

①执行"Undo"命令，先设置"M（标记）"；

②绘制图 2-16 圆和两条直线；

③执行"Undo"命令，再设置"B（后退）"；

④再执行"Undo"命令并回车，即将圆和两条直线的命令组一次删除，并提示"CIRCLE GROUP LINE GROUP 发现标记"。

2.2.5　重做命令"Redo"/"Mredo"

1. 命令功能

执行"U"命令或者"Undo"放弃命令后，如果放弃了有用的图形，则可以使用"Redo"或"Mredo"重做命令取消已放弃的操作。但是重做命令必须紧跟着前面执行的"U"或者"Undo"放弃命令。

2. 操作方法

执行重做命令的三种方法："编辑"下拉菜单│"重做"；或键盘输入重做命令"Redo"/

"Mredo"；或"标准"工具栏上 | "重做⤸"。可选择"重做"的状态，若选择不是最后一个命令的"重做"，通过"重做⤸ ▾"三角号下设置节点，则重做所选节点前的所有命令。"Redo"重做命令只能恢复上一个操作。执行"Mredo"多个重做命令时，命令行提示：

输入动作数目或［全部（A）/上一个（L）］：

3. 选项说明

（1）动作数目：设置重做（恢复）已执行放弃命令操作的数目。
（2）全部（A）：重做（恢复）已执行"U"或者"Undo"放弃命令的所有操作。
（3）上一个（L）：只重做（恢复）上一个放弃命令。

2.3　图层的设置与管理

图层相当于绘图中重叠在一起的若干张透明的薄图纸。图层的数量根据需要建立。各图层具有相同的坐标系、绘图单位、绘图界限等绘图基本条件。同一图层的图形一般具有相同的图层特性，图层一般用来管理、组织图形对象。图层的特性包括可见性、颜色、线型、线宽等。

2.3.1　图层及其特性

1. 命令功能

图层可以将图形对象按特性进行分类、管理。"图层特性管理器"对话框中列表显示图形中建立的图层及其特性。

2. 操作方法

执行图层命令有三种方法："常用"选项卡 | "图层"面板 | "图层特性⛁"；或"格式"下拉菜单 | "图层"；或"图层"工具栏 | "图层特性管理器⛁"。
"图层"工具栏的查找方法有很多种，常用的方法如下：
（1）"草图与注释"工作空间："视图"选项卡 | "用户界面"面板 | "工具栏" | "AutoCAD" | "图层"。
（2）"AutoCAD 经典"工作空间："工具"下拉菜单 | "工具栏" | "AutoCAD" | "图层"。
（3）"AutoCAD 经典"工作空间：任何工具栏上的图标处单击鼠标右键，从中选择"图层"。
在"图层"工具栏中单击"图层特性"按钮⛁，打开"图层特性管理器"对话框，如图2-17（a）所示。

2.3.2　图层的创建与设置

图 2-17（a）"图层特性管理器"对话框中的系统默认一个名称为"0"的图层。"0"图层无法删除或重命名。绘图过程中需新建若干个新图层来组织图形，不应在"0"图层上创建图形。
创建新图层后，应设置新图层的颜色、线型和线宽等特性。还可以对图层进行更多的设置，如图层的切换、重命名、删除及图层的显示控制等。

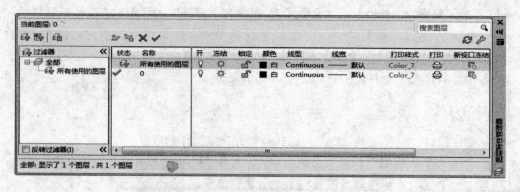

(a) "图层特性管理器"初始对话框

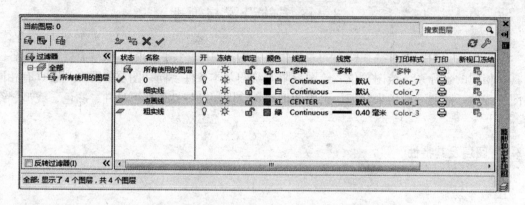

(b) 设置完成的"图层特性管理器"对话框

图 2-17   "图层特性管理器"对话框

1. 新建图层

在图 2-17（a）"图层特性管理器"对话框中，单击"新建图层"按钮，如图 2-18 所示自动添加了"图层 1"。新图层将在已选择的"0"图层基础上创建，继承该图层的特性（颜色、打开/关闭状态等）。双击"图层 1"，更改图层名称为"粗实线"，见图 2-17（b）"粗实线"层。

当执行标注尺寸命令后，"图层特性管理器"中会自动生成"Defpoints"层，该层只存放生成的特征点（特征点为系统自动生成，不显示）。该层不能被删除，也不能打印该图层上的内容，如图 2-19 所示，"Defpoints"层的"打印"设置为灰色。

技巧：

在一个图层被选中的情况下，直接按 Enter 键可创建新图层，并继承所选图层的特性。

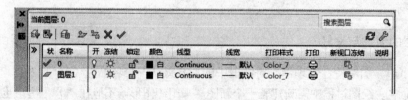

图 2-18 新建图层

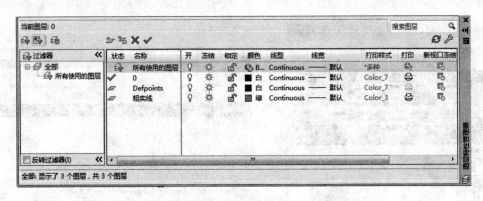

图 2-19　"Defpoints" 层

2. 设置图层的部分特性

在"图层特性管理器"对话框中，每个图层都包含"名称"、"打开 / 关闭"、"冻结 / 解冻"、"锁定 / 解锁"、"线型"、"颜色"、"线宽"和"打印样式"等特性。图层上的图形对象特性默认设定为随层（Bylayer）。图层的特性包括以下几方面。

（1）名称：图层的名称，可更改。

（2）开 💡/关 💡：黄灯表示图层上的对象可显示、可打印和可以重生成；灰灯为图层关闭，关闭图层后，该图层上的对象不显示（隐藏），也不能被打印和重生成。关闭当前层时，系统给出"关闭当前层"的提示。同样当前层上的图形对象不显示、不能被打印和不能重生成。

（3）冻结❄/ 解冻☼：冻结状态为"❄"，图层冻结后其对象不被显示、不被打印、不能修改。与关闭图层的区别是冻结状态下的图层不参与系统处理过程中的运算。当前层不能被冻结，也不能在冻结图层上绘制对象。冻结状态显示"☼"时，图层处于解冻状态，图层上的对象可显示、也可打印和修改。解冻图层时，系统将重生成该图层上的图形对象。

（4）锁定🔒/解锁🔓：控制图层上的对象能否被选中和被修改。"🔒"锁定图层，图层上的对象可显示、可选择，但不能被修改，可以降低意外修改对象的可能性。对象捕捉可应用于锁定图层上的对象；图层处于开启状态🔓，图层上的对象可显示、可选中和被修改。

（5）颜色：单击图层上的颜色，出现"选择颜色"对话框，如图 2-20 所示。选择图层颜色时尽量选择图 2-20 中间画圈的"调色板"选项中的标准颜色，这些颜色既有编号又有名称，方便依据颜色的名称对打印机进行设置。

（6）线型：新建点画线层，该层继承上一个图层的特性，单击线型"Continuous"（或其他线型）后出现"选择线型"对话框，如图 2-21，单击"加载"后，出现"加载或重载线型"对话框，如图 2-22 所示。选择"Center"点画线线型，单击确定后，"选择线型"对话框中"已加载的线型"选项中增加了"Center"线型，如图 2-23 所示，选择"Center"线型后单击"确定"按钮，"Center"线型即被选定，如图 2-17（b）所示"图层特性管理器"对话框中"点画线"层的线型。

（7）线宽：单击图 2-18"图层特性管理器"对话框中图层 1 的线宽"—— 默认"，出现"线宽"对话框，如图 2-24 所示。在"线宽"对话框中，线宽用宽度不等的实线段表示，右侧显示线宽数值。如图 2-17（b）中的粗实线层的线宽为 0.40mm。

（8）打印样式：当图形已设定打印样式表后，可选择已有的打印样式、重新设定及保存打印样式。

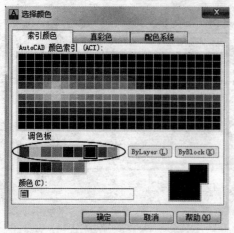

图 2-20　"选择颜色"对话框

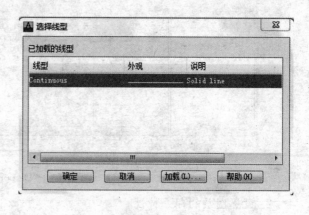

图 2-21　"选择线型"对话框

图 2-22　"加载或重载线型"对话框

图 2-23　"选择线型"对话框

（9）打印 🖶：控制图层内容是否打印。图层设置为"关闭打印 🖶"，该图层上的对象可显示但不能被打印。已关闭或冻结的图层其内容虽然也不能被打印，与"打印"的设置无关。

（10）图层特性的特殊设置：不使用"图层特性管理器"中图层设置的特性，单独设置所选对象的特性。新设置的特性将覆盖原来"Bylayer"随层的特性（在"图层特性管理器"中设置的特性）。例如，以颜色为例，默认对象的颜色特性被设定为"Bylayer"，对象将显示该图层的颜色。如果从"特性"工具栏图 2-25（a）或"常用"选项卡｜"特性"面板（图 2-25（b））将对象的颜色由"Bylayer"改为"红"，则图形对象不再随图层的颜色，将显示为其单独设置的红色。当在"图层特性管理器"中改动该图层颜色时，该对象的颜色特性不再随图层的颜色发生变化，这种方法特殊情况下才被使用。

2.3.3　"图层"的部分命令

1. 新建图层过滤器 🗂

建立图层过滤器以设置图层过滤器的条件。

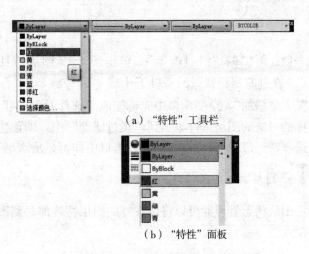

（a）"特性"工具栏

（b）"特性"面板

图 2-24　"线宽"对话框　　　　　　图 2-25　"特性"工具栏和"特性"面板

　　单击图 2-18 图层特性对话框中左上角的"新建图层过滤器"按钮，显示如图 2-26 中的"图层过滤器特性"对话框。在该对话框中建立名称为"特性过滤器 1"过滤器。输入或选择过滤条件，过滤条件若为名称需键盘输入，其他条件可在选项中选择。名称下输入"图层 1"，在过滤器预览框中满足过滤条件的图层 1 显示出来。在图 2-27"图层特性管理器"对话框中，单击"展开"按钮 ≫ 展开图层过滤器树，左侧树状图的窗口下增加了"特性过滤器 1"过滤器。选择该过滤器后，右侧列表的窗口中显示满足"特性过滤器 1"条件（层名为"图层 1"）的图层。

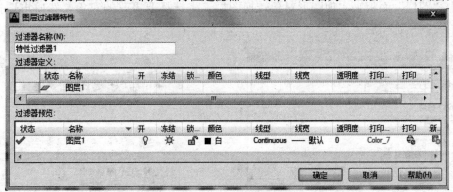

图 2-26　设置过滤器

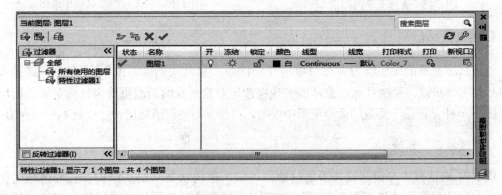

图 2-27　图层过滤器

2. 新建组过滤器

创建图层的"组过滤器"。单击图 2-18 图层特性对话框中左上角的"新建组过滤器"，在过滤器树状图的窗口下生成"组过滤器"。右键单击"组过滤器"，选择"选择图层"｜"添加"，绘图窗口中光标变成了选择对象的状态，在绘图窗口下选择图形对象，被选择的对象的图层条件添加到"组过滤器"中，即创建了组过滤器的条件。在树状图的窗口下选择"组过滤器"，在右侧列表窗口中即可显示满足"组过滤器"条件的图层。

3. 图层状态管理器

图层状态管理器可以将设置好的图层特性保存到图层状态文件中，以便以后恢复这些图层设置。

4. 删除图层

删除选定图层。不能删除"0"图层和"Defpoints"图层、包含对象（包括块定义中的对象）的图层、当前图层以及依赖外部参照的图层。当删除上述图层时提示如图 2-28 所示。

5. 置为当前

设定选定图层为当前图层。只能在当前图层上创建图形对象。

实际绘图时，可以利用 图 2-29（a）所示"图层"工具栏或图 2-29（b）所示"常用"选项卡中"图层"面板来实现图形对象转换图层。先选择要更改的对象，然后再选择图层，对象即更改到所选图层上。

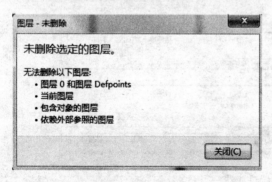

图 2-28　无法删除的图层

（a）"图层"工具栏

（b）"图层"面板

图 2-29　"图层"工具栏中的图层

6. 图层匹配

可将选定对象的图层改为目标对象所在的图层。执行"图层匹配"命令，选择对象结束后按 Enter 键，再选目标对象，即实现将选定对象所在的图层更改为目标对象的图层。

图 2-30 中"图层"面板的命令见图中说明，可根据需要灵活运用，这里就不一一介绍了。

7. "过滤器"区域

图 2-27 对话框中左面区域为图层过滤器区域，呈树状展示层次结构，右面区域为图层列表。在过滤器区域选择不同的条件，右侧即可列出满足条件的所有图层。树状过滤器中

"全部"选项显示图形中的所有图层。

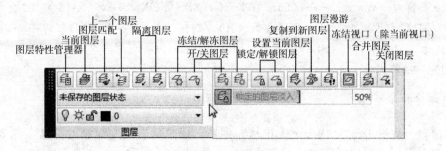

图 2-30　"图层"面板

国家标准机械工程 CAD 制图规则对线型、颜色有相应的规定，一般应按表 2-1 提供的颜色进行设置，优先使用图 2-20 所示"选择颜色"对话框中圈定的调色板中的九种标准颜色。

表 2-1　标准图线与颜色

图线名称	图线样式	屏幕显示的颜色
粗实线	——————————————	绿色
细实线	——————————————	白色
波浪线	〜〜〜〜〜〜〜〜〜	白色
双折线	—〜/〜——	白色
虚线	— — — — — — —	黄色
细点画线	— · — · — · —	红色
双点画线	— ·· — ·· — ·· —	粉红色
粗点画线	▬ · ▬ · ▬ · ▬	棕色

2.4　常用的基本操作

2.4.1　对象选择 "Select"

1. 命令功能

很多命令操作时都需要选择图形对象。例如"修改"工具条中的"删除 Delete"命令就需选择将要删除的图形对象。

2. 操作方法

（1）光标单击对象选择单个对象，选择的目标逐个地添加到选择集中（默认设置）。

（2）光标设定的矩形选择框选择对象。图 2-31（a）中从左到右拖动光标画出 12 实线选择框，全部在矩形选择框中的对象被选择，选择的对象见图 2-31（b），同下面叙述的"窗口（W）"选择结果一致。图 2-32（a）从右到左拖动光标画出 12 虚线选择框，与矩形选择框相交及选择框内的所有对象都被选择，选择的对象见图 2-32（b），同下面介绍的"窗口（C）"选择结果一致。

（3）键盘输入 Select。命令行提示选择对象时，可用光标直接单击对象进行选择。当输入无效的字符，例如"?"，命令行提示：

＊无效选择＊

需要点或窗口（W）/上一个（L）/窗交（C）/框（BOX）/全部（ALL）/栏选（F）/圈围（WP）/圈交（CP）/编组（G）/添加（A）/删除（R）/多个（M）/前一个（P）/放弃（U）/自动（AU）/单个（SI）/子对象（SU）/对象（O）

SELECT 选择对象：

3. 选项说明

（1）窗口（W）：该命令状态下无论从左到右，还是从右到左绘制的都是实线矩形选择框，但只有全部在矩形选择框中的对象被选择，如图 2-31 所示。

（2）窗交（C）：该命令状态下无论从左到右，还是从右到左绘制的都是虚线矩形选择框，与矩形选择框相交及选择框内的所有对象都被选择，如图 2-32 所示。

选择对象时基本以框选、点选为主，比较方便。而其余多种选择目标的方式，在特殊情况下也有明显的优势，因不是很常用，这里就不介绍了。

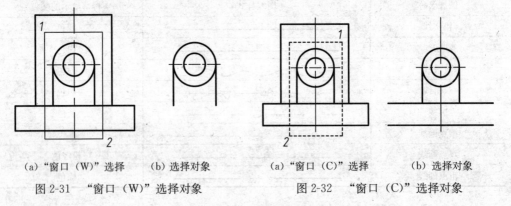

|　　（a）"窗口（W）"选择　　（b）选择对象　　　　　（a）"窗口（C）"选择　　（b）选择对象|
| 图 2-31　"窗口（W）"选择对象　　　　　图 2-32　"窗口（C）"选择对象 |

（3）退出选择：按住 Shift 键并单击已选择的对象就可以取消该对象的选择，或按 Enter键结束对象选择命令，或按 Esc 键取消全部选定对象。

注意事项：

（1）"工具"下拉菜单｜"选项"｜"选择集"选项卡（图 2-33），其中"选择集模式"选项组区域中若将"用 Shift 键添加到选择集"选上，选择的对象将替换已选择的上一个对象，若要两个对象都选择，按 Shift 键的同时再选择对象，即可将后选择的对象添加到上一个对象所在的选择集。"工具"下拉菜单｜"选项"｜"选择集模式"的默认设置为选择的下一个对象自动添加到上一个对象的选择集中。

（2）在不执行任何命令的情况下选择对象时，选择的图形对象通常会显示夹点。夹点是一种集成的编辑模式，使用夹点可以实现对象的拉伸、移动、旋转、缩放及镜像等操作。

（3）选择对象时，若出现"选择集"对话框，说明选择的对象不是一个对象，而是互相遮挡的多个对象。如图 2-34 所示，选择的对象为颜色不同的两条直线，两个颜色的直线互相遮挡，可在该对话框中通过鼠标左键进一步准确选择所需对象。

2.4.2　对象删除"Delete"

1. 命令功能

删除已选择或将要选择的对象。

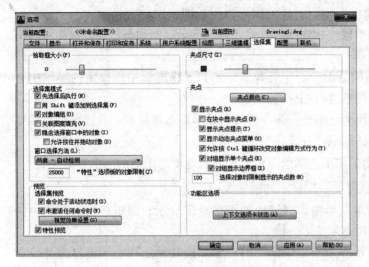
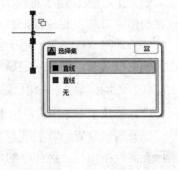

图 2-33 "选择集模式"的默认设置   图 2-34 "选择集"对话框

2. 操作方法

执行删除命令的四种方法：键盘输入删除命令"Delete"；或"常用"选项卡 | "修改"面板 | "删除 "；或"修改"下拉菜单 | "删除"；或"修改"工具栏 | "删除 ✏"。执行删除命令后，选择的对象则被删除。选择对象后，在绘图区域中单击鼠标右键，在快捷菜单中选择"删除"也可删除选择的对象。

2.4.3 图形显示控制——视图缩放"Zoom"

1. 命令功能

观察图形有时需放大图形以处理局部细节，有时还需缩小图形以观察图形的整体。该命令相当于用放大镜或望远镜观看图形，图形的实际大小并不会改变。

2. 操作方法

执行缩放命令的四种方法："视图"选项卡 | "二维导航"面板 | "缩放"；或"视图"下拉菜单 | "缩放"；或"标准"工具条 | "窗口缩放"；或键盘输入视图缩放命令"Zoom"。

执行"Zoom"命令，命令行显示：

指定窗口的角点，输入比例因子（nX 或 nXP），或者［全部（A）/中心（C）/动态（D）/范围（E）/上一个（P）/比例（S）/窗口（W）/对象（O）]＜实时＞：

3. 选项说明

（1）实时缩放 ：该项为缺省项，用于图形的实时缩放。在绘图窗口中按住鼠标左键，滚动中轮，向上滚动中键可以放大图形；向下滚动则缩小图形。

（2）比例因子 ：按指定的比例实现缩放。如果在"输入比例因子（nX 或 nXP）："提示后输入的比例值是具体的数值，图形将按该比例值绝对缩放，即相对于实际尺寸缩放。如果在比例值后加有后缀 X，图形实现相对缩放，即相对于当前所显示图形的大小进行缩放。"比例缩放"只是图形显示的缩放，图形的形状、尺寸不变。

（3）全部 🔍：如果图形对象没有超出设置的图形界限，则在窗口中显示 2.1.2 节介绍的图形界限的范围；如果有图形对象绘制到图纸界限之外，显示范围则会扩大，以便将超出图形界限的图形部分也显示在屏幕上。

（4）中心 🔍：用于重设图形的显示中心位置和缩放倍数。将图形中新指定的显示中心放在绘图窗口的中心位置，并对图形进行相应的放大或缩小。

（5）动态（D）🔍：用于实现动态缩放。命令执行后显示矩形选择框，通过平移和调整选择框的位置和范围来确定显示的区域，并充满整个窗口。

（6）范围缩放 🔍：使已绘出的图形充满绘图窗口，此时与所绘图形的图形界限无关。

（7）缩放上一个 🔍：用于恢复上一次显示的图形大小。

（8）窗口（W）🔍：光标指定矩形窗口区域内的图形全屏显示，即矩形窗口区域内的图形充满绘图窗口。该命令的取消必须按 Esc 键。

（9）对象 🔍：尽可能大地显示一个或多个选定的对象并使其显示在绘图窗口内并位于窗口的中心。

（10）放大 🔍：将当前图形放大一倍；每单击一次放大按钮，图形放大一倍。

（11）缩小 🔍：将当前图形缩小 1/2；每单击一次缩小按钮，图形缩小 1/2。

2.4.4　图形显示控制——平移"Pan"

1. 命令功能

实时移动图形的显示位置，如同移动整张图纸一样。图形对象相对图纸的位置不变，图形大小也不变，图纸及其上的图形对象一起移动。

2. 操作方法

执行平移命令的三种方法："视图"选项卡｜"二维导航"面板｜"平移"；或"视图"下拉菜单｜"平移"｜"实时"；或"标准"工具栏｜"实时平移"。

技巧：

不选定任何图形对象，在绘图窗口内单击鼠标右键的快捷菜单中可选择"平移"命令。光标放在窗口中，单击鼠标中键，拖动光标可将图形移到新的位置，松开鼠标中键，"平移"命令结束。

2.4.5　图形显示精度调整

1. 命令功能

控制图形对象的显示精度。

2. 操作方法

"工具"下拉菜单｜"选项"对话框｜"显示"选项卡｜"显示精度"，如图 2-35 所示。

3. 选项说明

图 2-35 中"显示精度"下的四个选项用于设置图形对象的细节显示。数值越高，显示

精度越好，但运行时间越长，一般使用默认设置即可。

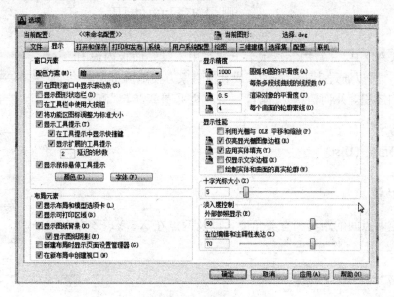

图 2-35　"显示精度"的设置

　　"显示精度"下的"圆弧和圆的平滑度"选项用于设置当前视口中圆弧或圆对象的显示精度。"圆弧和圆的平滑度"数值越小，平滑度精度越差；数值越大，显示精度越高，但程序的运行速度就会降低。一般"圆弧和圆的平滑度"数值应用默认值即可。但使用缩放"Zoom"命令大幅度放大细节时，圆弧和圆失真后就变成多边形了，这时利用"视图"下拉菜单中"重画"或"重生成"命令更新后，圆弧和圆的平滑度即精度得到改善，如图 2-36 所示。

失真的圆　　重生成后的圆

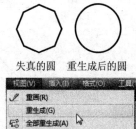

2.4.6　重画"Redraw"/重生成"Regen"

　　刷新绘图窗口中的图形。

图 2-36　重生成后图形的效果

　　当执行".Blipmode"系统变量命令时，命令行提示：

　　BLIPMODE 输入模式［开（ON）/关（OFF）］＜关＞：（系统默认为关的状态）

　　当 Blipmode 输入模式为开的状态时，绘制图形的过程中，会出现点标记的痕迹，如图 2-37（a）所示。使用"重画（Redraw）"和"重生成（Regen）"命令，刷新窗口内容，即可消除点标记，如图 2-37（b）所示。两者的区别为"重画（Redraw）"是刷新窗口内的图形，"重生成（Regen）"是重新生成窗口内的图形内容。图形复杂时，重生成的速度较慢。使用"Pan"或"Zoom"命令也可以消除点标记。

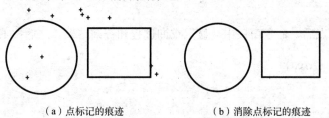

（a）点标记的痕迹　　　　　　　　　（b）消除点标记的痕迹

图 2-37　重画和重生成

2.5 测量工具的使用

在 AutoCAD 中，"常用"选项卡下"实用工具"面板内设有"测量"命令，可以通过指定一系列点或其他对象方便地测量距离、半径、角度和体积等几何信息。"测量"工具栏见图 2-38，"测量"下拉列表见图 2-39。

图 2-38 测量工具栏

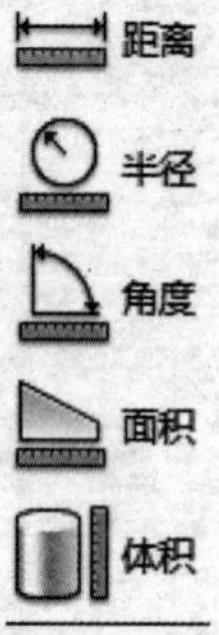

2.5.1 测量距离 (Dist)

1. 命令功能

查询指定两点间的距离和有关角度，以及两点在 X、Y、Z 方向的增量值。

2. 操作方法

测量图 2-40 所示 A、B 两点间距离的操作步骤如下。

图 2-39 测量下拉列表

(1) 单击"常用"选项卡 | "实用工具"面板 | "测量"下拉列表 | "距离 ▭" 按钮；或选择"工具"下拉菜单 | "查询（Q）"子菜单 | "距离（D）"选项；或单击"查询"工具栏中的"距离"命令图标"▭"；或键盘输入命令"DI"并按 Enter 键。

(2) 启动命令后，命令行提示：

命令：_MEASUREGEOM

输入选项 [距离 (D) /半径 (R) /角度 (A) /面积 (AR) /体积 (V)] <距离>：_distance

指定第一点：（输入点 A 的坐标值或用鼠标捕捉指定点 A）

指定第二个点或 [多个点 (M)]：（输入另一点 B 的坐标值或用鼠标捕捉指定点 B）

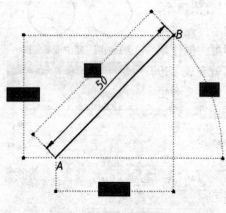

图 2-40 查询 AB 直线的距离

距离 $= 50.0000$，XY 平面中的倾角$=45$，与 XY 平面的夹角 $= 0$

X 增量 $= 35.3553$，Y 增量 $= 35.3553$，Z 增量 $= 0.0000$

输入选项 [距离 (D) /半径 (R) /角度 (A) /面积 (AR) /体积 (V) /退出 (X)] <距离>：

指定 A、B 两点后，命令窗口中会显示查询过程和查询结果，之后按 Esc 键可退出命令。

2.5.2 面积查询 (Area)

1. 命令功能

求由若干个点所确定的区域或由指定对象所围成区域的面积与周长，还可以进行面积的加、减运算。

2. 操作方法

测量图 2-41 所示矩形 *ABCD* 的面积的操作步骤如下：

（1）单击"常用"选项卡｜"实用工具"面板｜"测量"下拉列表｜"面积"按钮 ◿；或选择"工具"下拉菜单｜"查询（Q）"子菜单｜"面积（A）"选项；或单击"查询"工具栏中的"面积"命令图标 ◿；或键盘输入命令"AA"并按 Enter 键。

（2）启动命令后，命令行提示：

命令：_MEASUREGEOM

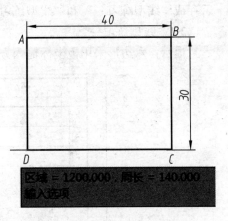

图 2-41 查询矩形 *ABCD* 的面积

输入选项［距离（D）/半径（R）/角度（A）/面积（AR）/体积（V）］＜距离＞：_area

指定第一个角点或［对象（O）/增加面积（A）/减少面积（S）/退出（X）］＜对象（O）＞：按键盘上 F3 键，观察状态栏，选择"对象捕捉"模式为"开"，用鼠标捕捉指定点 *A*（详细参见 3．2．3 小节）

指定下一个点或［圆弧（A）/长度（L）/放弃（U）］：用鼠标捕捉指定点 *B*

指定下一个点或［圆弧（A）/长度（L）/放弃（U）］：用鼠标捕捉指定点 *C*

指定下一个点或［圆弧（A）/长度（L）/放弃（U）/总计（T）］＜总计＞：用鼠标捕捉指定点 *D*

指定下一个点或［圆弧（A）/长度（L）/放弃（U）/总计（T）］＜总计＞：用鼠标捕捉指定点 *A*

指定下一个点或［圆弧（A）/长度（L）/放弃（U）/总计（T）］＜总计＞：↙（按 Enter 键，退出选择）

区域 = 1200.0000，周长 = 140.0000

依次指定 *A*、*B*、*C*、*D*、*A*，按 Enter 键后，命令窗口中会显示查询过程和查询结果。之后按 Esc 键可退出命令。

如果四边形 *ABCD* 是用"矩形（RECTANG）"命令绘制的。则可按下面操作步骤：

启动测量"面积"命令后，命令行提示：

指定第一个角点或［对象（O）/增加面积（A）/减少面积（S）/退出（X）］＜对象（O）＞：O（键盘输入"O"字母）↙（按 Enter 键）

选择对象：用鼠标点取四条边上的任意一边

结果即刻在命令行中显示：区域 = 1200.0000，周长 = 140.0000

2.6　上机实践

根据表 2-1 线型及其颜色的规定，建立粗实线、细实线、虚线、点画线等图层，绘制图 2-42 和图 2-43 所示的 A3 图幅（外框 420mm×297mm。内框左侧装订边 25mm，其余三边

5mm)、标题栏（只画外框，180mm×56mm）及相应图形，注意各线型的区别，选择路径后存成"线型练习一"和"线型练习二"文件。

2-1 线型练习一。

提示：六边形采用极坐标输入方式绘图，细实线圆是六边形外接圆。

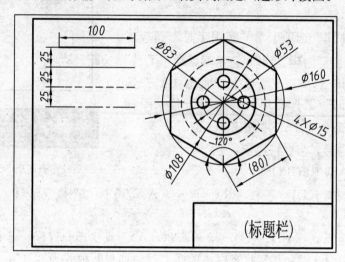

图 2-42 线型练习一

2-2 线型练习二。

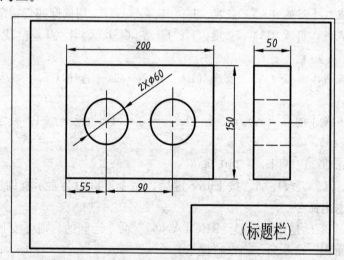

图 2-43 线型练习二

第 3 章　常用平面图形绘制与编辑命令

本章学习要点提示

1. 二维图形的绘制与编辑是 AutoCAD 软件的主要功能之一。本章将主要介绍 Auto-CAD 中直线、矩形、正多边形、圆及圆弧等部分常用二维绘图命令，以及删除、偏移、修剪、延伸、复制、旋转等常用编辑命令，同时还将介绍如何利用辅助绘图工具精确绘图以及利用夹点对图形进行快速编辑的方法。

2. 二维绘图命令主要集中在"功能区"｜"常用"选项卡｜"绘图"面板内；编辑命令主要集中在"功能区"｜"常用"选项卡｜"修改"面板内。

3. 通常，同一绘图命令均有多种启动方式，且命令按钮图案基本一致，但不同命令缩写名不同。因此无特殊情况，对于同类命令，本章将先介绍其所属功能区、下拉菜单以及工具条情况，之后在介绍具体命令启动方式时，不再重复叙述，只给出功能区中按钮图标。

4. 实际应用中，命令名用大写字母或小写字母均可，本书给出命令全名时，命令缩写名部分用大写字母，其余用小写字母，以示区分。读者在命令行输入命令名时可以输入全名，也可以只输入命令缩写名。

3.1　常用绘图命令

常用二维基本绘图命令的启动可以使用"功能区"｜"常用"选项卡｜"绘图"面板内的命令按钮，如图 3-1 所示；或选择"绘图"下拉菜单或子菜单中的命令，如图 3-2 所示（截取部分）；还可以利用"绘图"工具栏中的命令按钮，如图 3-3 所示；或在命令行输入相应命令名或命令缩写名并按 Enter 键确认。

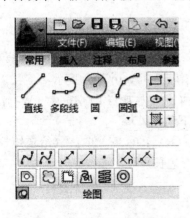

图 3-1　"绘图"功能面板

图 3-2　"绘图"下拉菜单（部分）

图 3-3　"绘图"工具条

3.1.1 直线（Line）命令

1. 命令功能

直线命令可以根据指定的端点绘制一系列直线段。

2. 操作方法

单击"功能区"｜"绘图"功能面板｜"直线"命令按钮，AutoCAD 提示：

第一点：20，30 ✓（输入起点 A 的坐标值，也可用鼠标左键单击确定直线起始点）

指定下一点或 ［放弃（U）］：@10，20 ✓（输入点 B 对点 A 的相对坐标值）

指定下一点或 ［放弃（U）］：@15，−15 ✓（输入点 C 对点 B 的相对坐标值，也可输入字母"U"取消前一次操作）

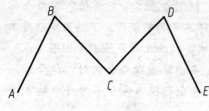

图 3-4　直线的绘制

指定下一点或 ［放弃（U）］：@15，15 ✓（输入点 D 对点 C 的相对坐标值）

指定下一点或 ［放弃（U）］：@10，−20 ✓（输入点 E 对点 D 的相对坐标值）

指定下一点或 ［放弃（U）］：✓（不需继续画图，直接按 Enter 键即可中断当前命令）

上述过程绘制完成图形如图 3-4 所示。

注意：如果"动态输入"模式打开，且指针输入格式为相对坐标，可省略字符"@"，详见 3.2.5 小节。

3.1.2 矩形（RECtang）命令

1. 命令功能

矩形命令可以根据指定的尺寸或条件绘制矩形。

2. 操作方法

单击"功能区"｜"绘图"功能面板｜"矩形"按钮，AutoCAD 提示：

指定第一个角点或 ［倒角（C）/标高（E）/圆角（F）/厚度（T）/宽度（W）］：100，100 ✓（直接输入坐标值或鼠标左键单击确定矩形的左下角点 A）

指定另一个角点或 ［面积（A）/尺寸（D）/旋转（R）］：@35，25 ✓（给定矩形右上角点 B 相对左下角点 A 的相对坐标值，也是矩形的两个边长）

上述步骤绘制矩形如图 3-5（a）所示。

3. 选项说明

（1）倒角：表示绘制各角点处有倒角的矩形，并可设置矩形倒角尺寸。

（2）标高：用于确定矩形的绘图高度；

（3）圆角：确定矩形角点处的圆角半径；

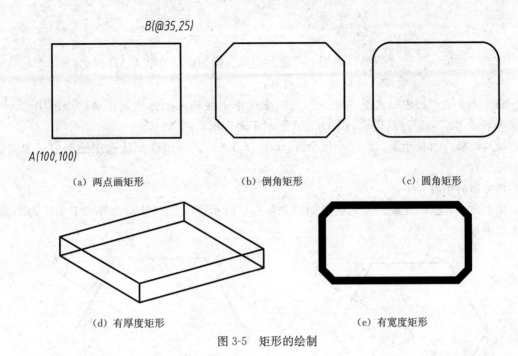

图 3-5　矩形的绘制

（4）厚度：确定矩形的绘图厚度；

（5）宽度：确定矩形的线宽；

（6）面积：根据面积绘制矩形；

（7）尺寸：根据矩形的长和宽绘制矩形；

（8）旋转：表示绘制按指定角度放置的矩形。

　　在实际绘图中，可根据不同需要，输入不同的选项并根据窗口提示进行操作。图 3-5（d）中所示"有厚度矩形"在绘制后需在"视图"下拉菜单中选择"三维视图"中的等轴测图，才可以在三维视口下观察到其厚度。

4. 应用举例

绘制图 3-5 中（e）的步骤如下：

单击"矩形"命令按钮▢，AutoCAD 提示：

指定第一个角点或 [倒角（C）/标高（E）/圆角（F）/厚度（T）/宽度（W）]：w↙

指定矩形的线宽 <0.0000>：2↙

指定第一个角点或 [倒角（C）/标高（E）/圆角（F）/厚度（T）/宽度（W）]：c↙

指定矩形的第一个倒角距离 <0.0000>：3↙

指定矩形的第二个倒角距离 <3.0000>：3↙

指定第一个角点或 [倒角（C）/标高（E）/圆角（F）/厚度（T）/宽度（W）]：100，100↙

指定另一个角点或 [面积（A）/尺寸（D）/旋转（R）]：@ 40，20↙

3.1.3　正多边形（POLygon）命令

1. 命令功能

通过给定外接圆半径、内切圆半径或边长绘制正多边形。

2. 操作方法

单击"功能区"｜"绘图"面板｜"正多边形"按钮◯，AutoCAD 提示：

命令：_polygon 输入边的数目 <4>：6✓

指定正多边形的中心点或［边（E）］：（鼠标单击或输入坐标指定正多边形的中心，也可输入字母"E"，通过确定"边"的方式绘制正多边形）✓

输入选项［内接于圆（I）／外切于圆（C）］<I>：✓（接受默认选项绘制内接于圆的正多边形）

指定圆的半径：20✓

结束命令，绘制完成的正六边形如图 3-6（a）所示。图 3-6（b）为外切于半径为 20 圆的正六边形。

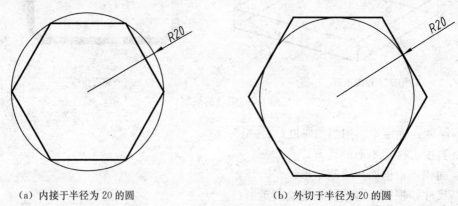

(a) 内接于半径为 20 的圆　　　　　　　　　　　　(b) 外切于半径为 20 的圆

图 3-6　正多边形的绘制

3.1.4　画圆（Circle）命令

1. 命令功能

用户可根据需要，选择不同的画圆方式画圆。

2. 基本操作

单击"功能区"｜"绘图"面板｜"圆"按钮◯，AutoCAD 提示：

命令：_circle

指定圆的圆心或［三点（3P）／两点（2P）／切点、切点、半径（T）］：（鼠标单击或坐标输入确定圆心位置）

指定圆的半径或［直径（D）］<20.0000>：30✓（绘制半径为 30 的圆）

3. 选项说明

（1）3P：要求指定圆上的三个点，如图 3-7（a）所示。

（2）2P：要求指定圆直径的两个端点，如图 3-7（b）所示。

（3）T：要求指定与圆相切的两个图形元素，再输入半径，如图 3-7（c）、（d）所示。

另外，在下拉菜单"绘图"｜"圆"｜中还可以选择"相切、相切、相切"选项，通过指定与圆相切的三个图形元素画圆，如图 3-7 (e)、(f)、(g) 所示。

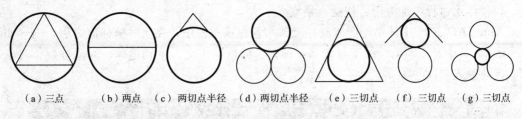

（a）三点　　（b）两点　（c）两切点半径　（d）两切点半径　（e）三切点　（f）三切点　（g）三切点

图 3-7　画圆的方式

3.1.5　圆弧（Arc）命令

1. 命令功能

用户可以根据不同需求，按照不同方式绘制圆弧。

2. 操作方法

单击"功能区"｜"绘图"面板｜"圆弧"命令按钮，选择其后的具体画圆弧方式，激活绘制圆弧的命令，然后按 AutoCAD 提示，输入相应信息画弧。

3. 画圆弧的方式

AutoCAD 中提供了绘制圆弧的很多种方式，尤其在下拉菜单中选项更为详细，如图3-8所示。用户可根据具体情况选择相应绘图方式。

4. 选项说明

在绘制圆弧时，输入起始点后，AutoCAD 默认沿逆时针方向绘制圆弧。但可以通过"方向"、"角度"和"半径"选项对圆弧加以控制。

（1）角度：要求指定圆弧的包含角。AutoCAD 默认沿逆时针绘制圆弧；如果角度为负，将顺时针绘制圆弧。

（2）半径：当利用起点、端点和半径选项画圆弧时，AutoCAD 默认从起点向端点逆时针绘制一条劣弧（小于半圆的弧）。如果半径为负，将绘制一条优弧（大于半圆的弧）。

图 3-8　圆弧命令选项

（3）方向：当利用起点、端点和方向选项画圆弧时，可以通过指定起点处切线方向控制圆弧的半径、劣弧还是优弧以及顺弧还是逆弧。

3.2　常用辅助绘图工具

准确绘制图样时，虽然有时可以使用坐标输入，但并非总是方便有效的。操作中经常还需要精确定位点的位置、方向或准确抓取图形上已经存在的一些特殊元素、或保证某种特殊关系等。AutoCAD 提供了栅格、捕捉、正交、极轴、对象捕捉、对象追踪等辅助绘图工具，以使作图过程更加方便、快捷、精准。

AutoCAD 2013 中辅助绘图工具栏默认布置在状态栏中，在实时坐标值之后，内容如图 3-9 所示。其中常用辅助绘图工具包括：捕捉、栅格、正交、极轴追踪、对象捕捉、对象追踪、动态输入（DYN）等。

INFER	捕捉	栅格	正交	极轴	对象捕捉	3DOSNAP	对象追踪	DUCS	DYN	线宽	TPY	QP	SC	上午

图 3-9　辅助绘图工具栏

精确绘图除了可以使用辅助绘图工具栏外，还有对象捕捉工具条也会经常使用（参见图 3-16）。

3.2.1　捕捉和栅格

捕捉是控制鼠标移动的步距，当启动捕捉命令时，在移动鼠标的过程中，光标只能按照设定间距步进式地进行移动。

栅格是指一些在横向和纵向上相隔指定距离排列的参照点，通过自定义设置，它的作用与线性坐标纸类似，给用户直观、精确的距离和位置参照。AutoCAD 默认的栅格及捕捉的间距均为 10mm。在实际操作的过程中，操作者可根据绘图需要，对栅格间距进行重置。在栅格命令启动时，屏幕上会出现默认或者由操作者定义的栅格点。

图 3-10　"草图设置"对话框
与"捕捉和栅格"的设置

在状态栏中单击"捕捉"按钮或按 F9 键打开或关闭捕捉功能；单击"栅格"按钮或按 F7 键打开或关闭栅格。

选择下拉菜单"工具"｜"绘图设置"，弹出"草图设置"对话框；还可以在相应辅助工具按钮上单击右键，会弹出快捷菜单，在其中选择"设置"，会弹出"草图设置"对话框，如图 3-10 所示。选择"捕捉和栅格"选项卡，可以选择功能模式是否启用，还可以设置捕捉间距和网格间距，二者可以相等，也可以不等。

3.2.2　正交

在辅助绘图工具栏中的正交模式开启时，鼠标只能拾取与当前点 X 坐标或 Y 坐标相同的点。此时如果绘制直线，可以先通过移动鼠标指示出线段的方向为水平还是垂直，然后再输入线段的长度数值即可。正交模式下只能绘制水平或垂直线段。

开启正交模式，可以单击辅助绘图工具栏中的"正交"按钮或按 F8 键。

应用举例可参见 3.2.7 小节。

3.2.3 对象捕捉

在精确绘图过程中，如果需要快速、准确、频繁地抓取某些已经存在的特征点，如端点、圆心、交点等，可以开启自动对象捕捉功能。

鼠标左键单击位于辅助绘图工具栏中的"对象捕捉"按钮或按 F3 键，可以切换开启或关闭自动捕捉状态。如开启自动捕捉，鼠标移动到被设置的特征点附近，特征点就会以一捕捉框的形式特殊显示，此时如果单击鼠标左键，此特征点会被优先选中。

用户可以根据不同的绘图需要，对自动捕捉的特征点选项进行设置，在端点、中点、切点、最近点、圆心、交点、节点等选项中有针对性地选择需频繁自动捕捉的特征点类型，从而达到提高绘图效率和绘图精度的要求。一般系统默认设置的特征点有端点、中点、圆心和交点，用户可以根据需要进行选项设置，如图 3-11 所示。

3.2.4 极轴追踪与对象捕捉追踪

如图 3-12 所示，在"草图设置"对话框中，同样可进行极轴追踪设置和对象捕捉追踪设置，对于其中的一些基本设置可根据绘图需要执行。例如"⊙仅正交追踪(L)"表示仅对水平方向和竖直方向追踪捕捉点，属于缺省设置。"○用所有极轴角设置追踪(S)"若选中表示对所有极轴方向都可进行追踪。系统默认 90° 为极轴增量角，但是操作者可依照不同的绘图需要自行设置，如选 15°。

在辅助绘图工具中单击"极轴"按钮或按 F10 键可以控制极轴追踪开或关；单击"对象追踪"按钮或按 F11 键可以控制对象捕捉追踪开或关。

极轴追踪按事先设定角度进行追踪，而对象捕捉追踪按与对象的某种特定关系追踪。实用中，如果事先知道要追踪的方向，可以使用极轴追踪，不知道具体方向，但知道与其他对象的某种关系（如相交），则应使用对象追踪。对象捕捉追踪功能依赖于对象捕捉功能，只有打开对象捕捉功能，对象捕捉追踪才可用。极轴追踪和对象捕捉追踪可以同时使用；极轴追踪和正交模式不能同时使用。

具体应用举例参见 3.2.7 小节。

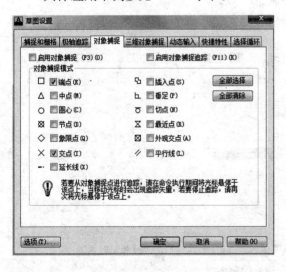

图 3-11 "对象捕捉"设置

图 3-12 "极轴追踪"与"对象捕捉追踪"设置

3.2.5 动态输入

动态输入是一种高效实用的输入模式，其特点是在光标附近显示需要输入相应参数的界面。在动态输入模式开启状态下绘制图形时，在光标位置可以显示命令提示及所需输入参数的信息框。当有多个信息框时，利用键盘上 Tab 键可以使光标在信息框间进行切换。

单击辅助绘图工具栏中"动态输入"按钮 **DYN** 或按 F12 键，可切换动态输入的开启与关闭。

在草图设置对话框中，设有动态输入选项卡，如图 3-13 所示。选中"启用指针输入"复选框，单击"设置"键，弹出指针输入设置对话框，如图 3-14 所示，选择了指针输入格式为"极轴格式"、"相对坐标"、可见性为"命令需要一个点时"。

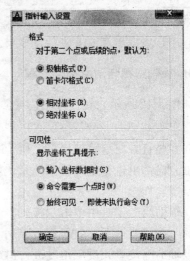

图 3-13 "动态输入"设置   图 3-14 "指针输入"设置

在如上设置情况下，画直线时，会动态显示角度和长度的参数框。

利用动态输入模式绘制图 3-15（a）所示图形的步骤如下：

（1）单击"动态输入"按钮 **DYN**，启动动态输入功能；设置极轴捕捉增量角为 10°；

（2）单击"直线"命令按钮"╱"，启动绘制直线命令；

（3）用鼠标单击确定 A 点后；拉向 B 点，移动鼠标使角度为 50°；输入线段长度 50 后按 Enter 键，如图 3-15（b）所示；

（4）由 B 指向 C，角度为 60°时，输入线段长度 50 后按 Enter 键，如图 3-15（c）所示；再利用捕捉方式鼠标单击 A 点（或输入字母 C），之后按 Enter 键，完成图形如图 3-15（a）所示。

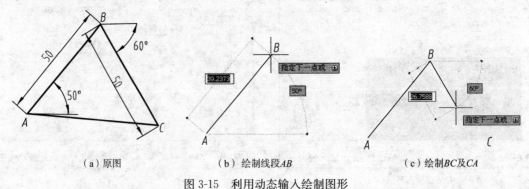

（a）原图   （b）绘制线段 AB   （c）绘制 BC 及 CA

图 3-15 利用动态输入绘制图形

3.2.6 对象捕捉工具栏的使用

单击"快速访问工具条"右侧的展开按钮 ，可以显示下拉菜单，选择下拉菜单"工具"｜"工具栏"｜"AutoCAD"，在"对象捕捉"前单击，打开"对象捕捉"工具栏，如图 3-16 所示。如果已有其他工具栏打开，可在任意工具栏上单击右键，在弹出的"AutoCAD 工具栏"上选择显示"对象捕捉"工具栏。

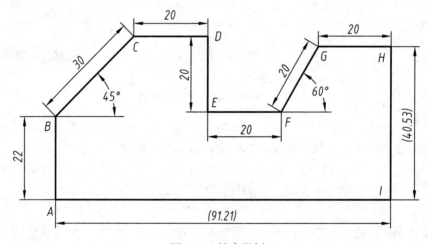

图 3-16 对象捕捉工具栏

对象捕捉工具栏中各按钮的功能从左起依次为：临时追踪点、捕捉自、捕捉到端点、捕捉到中点、捕捉到交点、捕捉到外观交点、捕捉到延长线、捕捉到圆心、捕捉到象限点、捕捉到切点、捕捉到垂足、捕捉到平行线、捕捉到插入点、捕捉到节点、捕捉到最近点、无捕捉、对象捕捉设置等。

用户可在绘图时单击按钮，捕捉需要的特征点，但需注意，这种方式的捕捉功能，只是单次有效。对于需频繁使用的捕捉类型，应在辅助绘图工具栏中对自动对象捕捉进行设置。

3.2.7 综合举例

综合应用所讲辅助绘图工具及绘图命令，绘制图 3-17 所示图形。

图 3-17 综合举例

绘图步骤：

（1）在辅助绘图工具栏中单击"动态输入"命令按钮 **DYN**，开启动态输入功能，确认指针输入格式为极轴格式、相对坐标（默认格式）；设置极轴追踪的增量角为 15°；单击"正交"、"对象捕捉"及"对象追踪"按钮，开启正交、对象捕捉及对象捕捉追踪功能；

（2）单击"绘图"功能面板内的"直线"按钮，启动画线命令，AutoCAD 提示：

命令：_line 指定第一点：（鼠标单击，屏幕上任取一点）

指定下一点或 ［放弃（U）］：22✓（光标移至 A 点正上方，键盘输入 22，绘制竖直线 AB）

指定下一点或 ［放弃（U）］：＜极轴 开＞30✓（开启极轴追踪模式，正交同时关闭，移动鼠标至 45°极轴追踪方向，如图 3-18（a）所示，输入 30，绘制直线 BC）

指定下一点或［闭合（C）/放弃（U）］：＜正交 开＞20↙（开启正交模式，移动鼠标至 C 点右侧，输入 20，绘制 CD）

指定下一点或［闭合（C）/放弃（U）］：20↙（移动鼠标至 D 点下侧，输入 20，绘制 DE）

指定下一点或［闭合（C）/放弃（U）］：20↙（移动鼠标至 E 点右侧，输入 20，绘制 EF）

指定下一点或［闭合（C）/放弃（U）］：＜极轴 开＞20↙（移动鼠标至 60°极轴追踪方向，输入 20，绘制 FG）

指定下一点或［闭合（C）/放弃（U）］：＜正交 开＞20↙（移动鼠标至 G 点右侧，输入 20，绘制 GH）

指定下一点或［闭合（C）/放弃（U）］：（确认对象捕捉及对象捕捉追踪功能开启，向下移动鼠标，拖出竖直皮筋线，再移动鼠标至起点，出现捕捉框后、拖出水平皮筋线，移动鼠标至两条皮筋线交点处显示一叉状小图标时，单击鼠标左键，绘制 HI，如图 3-18（b）所示）

指定下一点或［闭合（C）/放弃（U）］：C↙

完成绘图，再次按 Enter 键可以退出命令。

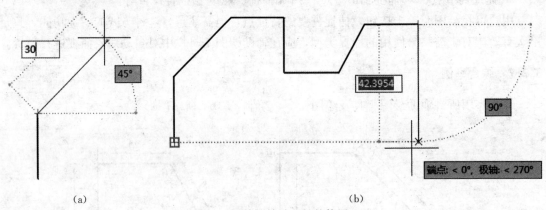

(a)   (b)

图 3-18　绘图辅助工具的使用

如不利用上述辅助绘图工具，则必须用到带括号尺寸。由此图形绘制过程可见，辅助绘图工具使绘图过程简单、方便了很多，且所绘制图形更为准确。

3.3　利用夹点编辑图形

空命令状态下，选择对象，此时被选取的操作对象特殊点部位会出现蓝色的小方格，如图 3-19 所示，这些蓝色的小方格是对象的特征点，被称为夹点。

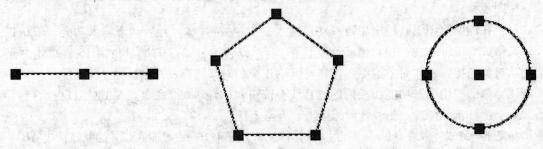

图 3-19　目标被选时特征点显示情况

对于夹点功能来说，是一种集成的编辑模式，提供了一种方便快捷的编辑操作途径，包括对操作对象的移动、拉伸、加长、缩放以及旋转等功能。

待操作对象被选取成功，其状态以虚线形式显示，同时出现特征点标记。将光标移至这些特征点的时候，特征点由蓝变成橘红色；再次单击鼠标左键，特征点则又变成深红色，此时命令行会有如下提示：

指定拉伸点或［基点（B）/复制（C）/放弃（U）/退出（X）］：

表明进入编辑状态，默认为拉伸模式。拉伸和移动是夹点功能中最常用的两种。

3.3.1 拉长（LENgthen）

空命令状态下，选择对象，然后单击任一夹点，进入编辑状态，AutoCAD 显示：

指定拉伸点或［基点（B）/复制（C）/放弃（U）/退出（X）］：

此时拖动鼠标，可以实现将对象移动或拉伸。在指定拉伸点后，完成操作。按 Enter 键或按 Esc 键可以退出命令。

直线与圆的拉伸如图 3-20 所示，但有些夹点只能移动，没有拉伸功能，如直线的中点、圆心等。

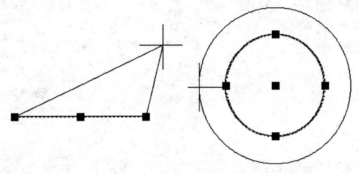

图 3-20　直线与圆的拉伸

运用夹点功能对操作对象进行修改，其实质是以这些特征点作为媒介进行操作，例如直线的动态拉长或者缩短是此功能的典型应用。

3.3.2 移动对象（Move）

直线和圆的移动如图 3-21 所示。移动时，对象的方向和大小不变，只是位置上的平移。在移动对象时按住 Ctrl 键可以实现复制选定对象。

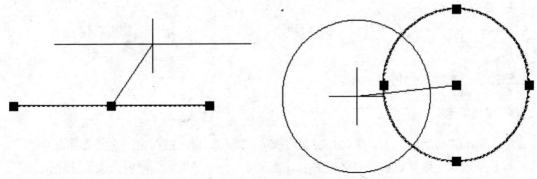

图 3-21　直线和圆的移动

3.4 常用编辑命令

AutoCAD 2013 常用编辑命令的启动可以使用"功能区"｜"常规"选项卡｜"修改"面板内的命令按钮，如图 3-22 所示；或选择"修改"下拉菜单或子菜单中的命令，如图 3-23所示；或利用"修改"工具条中的命令按钮，如图 3-24 所示；还可以在命令行输入命令名。

图 3-22 "修改"功能面板

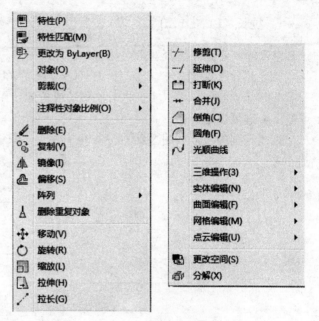

图 3-23 "修改"下拉菜单

图 3-24 "修改"工具条

在执行编辑命令时，需要选择被编辑对象。很多编辑命令，可以先选被编辑对象，后选命令；也可以先选命令，后选被编辑对象。

3.4.1 删除（Erase）

1. 命令功能

删除单个或多个选中对象。

2. 操作方法

（1）单击"功能区"｜"修改"功能面板｜"删除"命令按钮 ，激活删除命令；
（2）单选或框选要删除的对象，单击右键或按 Enter 键确认后便可完成删除操作。

3.4.2 移动（Move）

1. 命令功能

移动命令可以将单个或多个选中对象以基点为参考移动到达指定的位置。

2. 操作方法

(1) 单击"功能区" | "修改"功能面板上的"移动"命令按钮 ✚，激活移动命令；
(2) 选择对象；
(3) 指定基点与位移。

3. 应用举例

下面以图 3-25 为例说明移动命令的操作过程。

单击"移动"按钮 ✚，激活移动命令，AutoCAD 提示：

命令：_move

选择对象：框选如图 3-25（a）所示要移动的对象✓

指定基点或〔位移（D）〕＜位移＞：捕捉长圆形左侧圆心，如图 3-25（b）所示，按下左键

指定第二个点或 ＜使用第一个点作为位移＞：@10，0✓（输入第二点相对基点的相对坐标差，也可鼠标单击指定第二点位置）

完成长圆形向右移动 10mm 的操作，如图 3-25（c）所示。

初学者要注意移动命令和移屏命令的区别：移动是实际改变图形的相对位置；而移屏是将当前屏幕上的全部图形相对视口整体推动，图形对象的实际位置不发生变化。

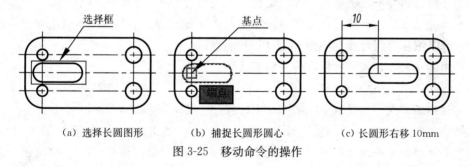

(a) 选择长圆图形　　　　　(b) 捕捉长圆形圆心　　　　　(c) 长圆形右移 10mm

图 3-25　移动命令的操作

3.4.3 偏移（Offset）命令

1. 命令功能

偏移命令可以对直线、曲线、多边形、圆、圆弧等图形对象偏移、复制生成等间距的平行直线、平行曲线或同心圆，如图 3-26 所示。

2. 操作方法

(1) 单击"功能区" | "修改"功能面板 | "偏移"命令按钮 ⊘，激活偏移命令；

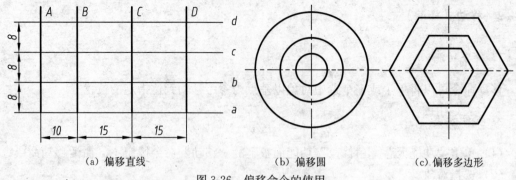

|(a) 偏移直线|(b) 偏移圆|(c) 偏移多边形|

图 3-26　偏移命令的使用

（2）指定偏移距离，可以输入偏移数值或鼠标单击指定；

（3）选择要偏移的对象；

（4）指定偏移方向。

可以继续选择另一个要偏移的对象，重复偏移操作，或者按 Enter 键结束命令。

3. 应用举例

绘制图 3-26（a）所示图形。

（1）用直线命令绘制一条长为 50mm 的水平细实线 a，再绘制长为 28mm 的竖直粗实线 A；

（2）用偏移命令，按尺寸分别偏移水平线段：

命令：_offset

指定偏移距离或［通过（T）/删除（E）/图层（L）]＜5.0000＞：8✓

选择要偏移的对象，或［退出（E）/放弃（U）]＜退出＞：（选择直线 a）

指定要偏移的那一侧上的点，或［退出（E）/多个（M）/放弃（U）]＜退出＞：

在上述提示下，在直线 a 的上方单击鼠标，由 a 偏移得到直线 b；不退出命令，继续选择直线 b 可以偏移得到直线 c，偏移 c 可以得到直线 d。

（3）用偏移命令，按尺寸依次偏移竖直线段：

命令：_offset

指定偏移距离或［通过（T）/删除（E）/图层（L）]＜8.0000＞：　10✓

选择要偏移的对象，或［退出（E）/放弃（U）]＜退出＞：（选择直线 A）

指定要偏移的那一侧上的点，或［退出（E）/多个（M）/放弃（U）]＜退出＞：

在直线 A 的右方单击鼠标，由 A 可偏移得到直线 B；重新启动命令，偏移距离设定为 15，选择直线 B 可以偏移得到直线 C，偏移 C 可以得到直线 D。

3.4.4　修剪（Trim）命令

1. 命令功能

利用修剪命令可以修剪对象，使它们精确地终止于由其他对象定义的边界。可以被修剪的对象包括圆弧、圆、椭圆、直线、多段线、射线和样条曲线，也可使用上述图形元素及面域、文本或构造线等作为修剪边。

2. 操作方法

（1）单击"功能区"｜"修改"功能面板｜"修剪"按钮 -/--，激活修剪命令；
（2）选择作为剪切边界的对象，此时直接按 Enter 键会选择显示的所有对象作为剪切边界；
（3）选择要被修剪掉的对象，此时如果按着 Shift 键，还可以延伸所选对象。

图 3-27（a）所示图形，选铅垂线段作为修剪边，水平线段作为被修剪对象，修剪结果如图 3-27（b）所示。

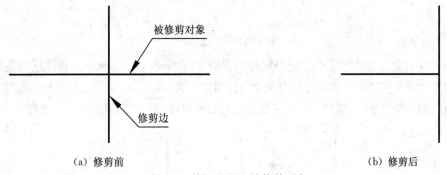

（a）修剪前　　　　　　　　　　　　　　　　　　　　（b）修剪后

图 3-27　剪切边界和被修剪对象

3. 应用举例

完成图 3-28 所示操作。
（1）用直线和圆命令绘制图 3-28（a）；
（2）选择圆弧两竖直中心线作为修剪边界，用修剪命令修剪多余圆弧。

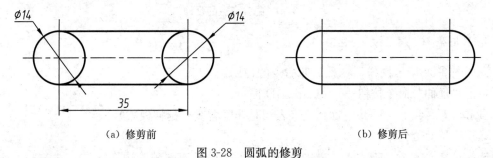

（a）修剪前　　　　　　　　　　　　　　　　　　　（b）修剪后

图 3-28　圆弧的修剪

3.4.5　延伸（Extend）命令

1. 命令功能

延伸命令可以将圆弧、圆、椭圆、直线、开放多段线、射线和样条曲线进行延伸，也可使用上述图形元素及面域、文本或构造线等作为延伸边界。

在同一个修剪或延伸操作中，一个对象既可以用作延伸边界，本身也可以是被修剪或延伸对象。

2. 操作方法

（1）单击"功能区"｜"修改"功能面板｜"延伸"命令按钮 --/，激活延伸命令；
（2）选择边界对象，此时直接按 Enter 键会选择显示的所有对象作为边界；

（3）选择要延伸的对象，此时如果按着 Shift 键，如果满足修剪条件可以实现修剪所选对象。

选择如图 3-29（a）所示 AB 为边界，CD 作为被延伸对象，可以将 CD 延伸到 AB，如图 3-29（b）所示。

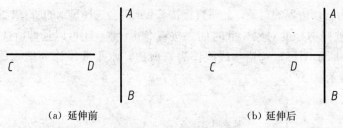

(a) 延伸前   (b) 延伸后

图 3-29　直线的延伸

要延伸的对象在延伸之后不一定与延伸边界有实际的交点，AutoCAD 能够把对象延伸到一个延伸边界，该延伸边界被加长之后应与被延伸对象相交（图 3-30（c）），这被称为延伸到隐含交点，如图 3-30（b）所示。用户欲对隐含交点进行延伸操作时，需先设置隐含边延伸模式。

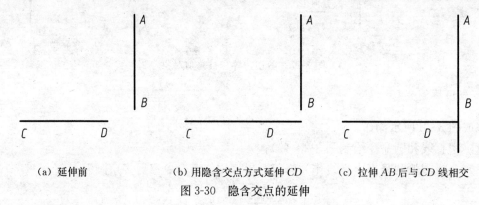

(a) 延伸前   (b) 用隐含交点方式延伸 CD   (c) 拉伸 AB 后与 CD 线相交

图 3-30　隐含交点的延伸

3. 应用举例

完成图 3-30 所示操作，熟悉延伸命令的使用。

单击"延伸"命令按钮 --/，AutoCAD 提示：

当前设置：投影＝UCS，边＝无（表明是非隐含交点延伸模式）

选择边界的边 …

选择对象或 ＜全部选择＞：↙（按 Enter 键，选所有对象为边界）

选择要延伸的对象，或按住 Shift 键选择要修剪的对象，或［栏选（F）/窗交（C）/投影（P）/边（E）/放弃（U）]：选直线 CD（无延伸响应）

对象未与边相交（提示不相交）

选择要延伸的对象，或按住 Shift 键选择要修剪的对象，或［栏选（F）/窗交（C）/投影（P）/边（E）/放弃（U）]：e↙（输入 e，修改延伸模式）

输入隐含边延伸模式［延伸（E）/不延伸（N）]＜不延伸＞：e↙（输入 e，改不延伸模式为"延伸"）

选择要延伸的对象，或按住 Shift 键选择要修剪的对象，或［栏选（F）/窗交（C）/投影（P）/边（E）/放弃（U）]：再选直线 CD 后按 Enter 键

结果如图 3-30（c）所示。

3.4.6 复制（Copy）

1. 命令功能

复制对象到指定位置。

2. 操作方法

(1) 单击"功能区"｜"修改"功能面板｜"复制"命令按钮，可以激活复制命令；

(2) 选择被复制对象；

(3) 选择复制基点；

(4) 确定被复制对象位置。

3. 应用举例

综合利用直线、圆、偏移、修剪、复制等命令绘制图 3-31 所示图形。

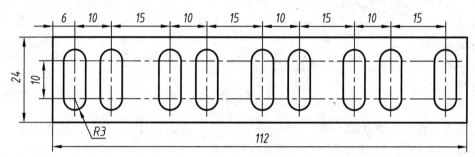

图 3-31　应用举例

(1) 打开正交模式，利用直线命令绘制外框线：

命令：_line

指定第一个点：单击鼠标，指定直线起始点

指定下一点或 [放弃（U）]：112✓（鼠标向右，绘制水平线）

指定下一点或 [放弃（U）]：24✓（鼠标向下，绘制竖直线）

指定下一点或 [闭合（C）/放弃（U）]：112✓（鼠标向左，绘制水平线）

指定下一点或 [闭合（C）/放弃（U）]：C✓

(2) 借助"对象捕捉"工具栏中"捕捉自"工具（单击"捕捉自"按钮，指定基点，再给出相对位移），利用直线及偏移命令按尺寸绘出各点画线：

命令：_line

指定第一个点：_from 基点：@6，−2✓（相对矩形左上角点为基点，绘制竖直点画线）

指定下一点或 [放弃（U）]：20✓

按 Enter 键，退出命令，绘制完成竖直点画线。

命令：_line

指定第一个点：_from 基点：@1，−6✓（相对矩形左上角点为基点，绘制水平点画线）

指定下一点或 [放弃（U）]：110✓

按 Enter 键，退出命令，绘制完成水平点画线。

(3) 偏移点画线：

命令：_offset

指定偏移距离或 [通过 (T) /删除 (E) /图层 (L)] <20.0000>：10↙

选择要偏移的对象，或 [退出 (E) /放弃 (U)] <退出>：选择水平点画线，指定偏移方向↙

同样方法偏移所有竖直点画线。完成的外框线及点画线如图 3-32 所示。

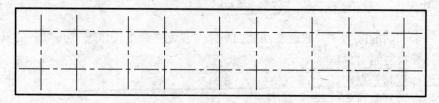

图 3-32　绘制边框及点画线

（4）利用圆及修剪命令，在指定位置绘制长圆形，完成图 3-33 所示图形。

（5）利用复制命令，复制长圆形；

激活复制命令后，AutoCAD 提示：

命令：_copy

选择对象：选取图 3-33 中的长圆形↙

选择对象：↙

当前设置：复制模式 = 多个

指定基点或 [位移 (D) /模式 (O)] <位移>：捕捉长圆形的圆心为复制基点

指定第二个点或 <使用第一个点作为位移>：

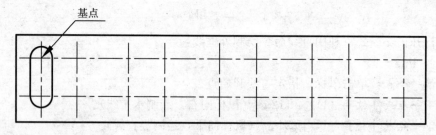

图 3-33　按尺寸绘图并选择复制基点

在要求"指定第二个点"时，捕捉点画线交点按下左键，完成一次复制，重复单击指定位置，即可完成如图 3-34 所示的图形。完成复制，可按 Enter 键结束命令。

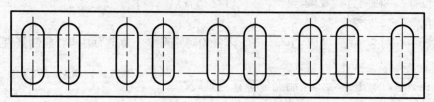

图 3-34　图形复制

4. 选项说明

（1）位移：如果输入"D"后按 Enter 键，可以输入在 X、Y、Z 三个方向上的位移确定被复制对象的位置。

（2）模式：AutoCAD2013 默认的复制模式为复制"多个"对象。如果输入"O"后按 Enter键，并在"输入复制模式选项"步骤输入"S"后按 Enter 键，可切换成单个复制模式。

3.4.7　旋转（Rotate）

1. 命令功能

旋转命令可以将单个或多个选中对象绕基点旋转一定角度，使其到达指定的位置。

2. 操作方法

（1）单击"功能区"｜"修改"功能面板｜"旋转"命令按钮，激活旋转命令；
（2）选择被旋转对象；
（3）指定基点；
（4）指定旋转角度或切换模式。

3. 应用举例

按图 3-35 所示步骤，完成操作。

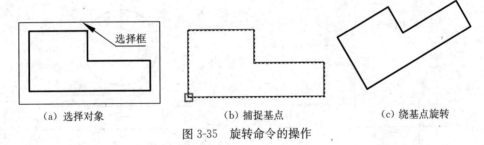

（a）选择对象　　　　　（b）捕捉基点　　　　　（c）绕基点旋转

图 3-35　旋转命令的操作

（1）激活旋转命令，AutoCAD 提示：

命令：_rotate

UCS 当前的正角方向：ANGDIR＝逆时针 ANGBASE＝0

（2）选择对象：用矩形框选中图 3-35（a）所示的图形✓

选择对象：✓（直接按 Enter 键表示不再选择被旋转对象）

（3）指定基点：用光标捕捉左下角点，如图 3-35（b）所示按下左键

（4）指定旋转角度，或［复制（C）/参照（R）］：30✓（将原图形逆时针旋转 30°，如图 3-35（c）所示）

4. 选项说明

（1）复制：旋转选定对象，并保留原对象。

（2）参照：将对象从指定的角度旋转到新的绝对角度。例如选择图 3-36（a）所示三角形为旋转对象，A 为旋转基点，然后输入"参照"选项；对于参照角度，指定 AB 两点；对于新角

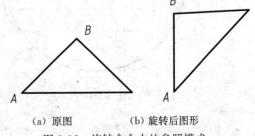

（a）原图　　　　（b）旋转后图形

图 3-36　旋转命令中的参照模式

度，请输入 90。旋转之后三角形如图 3-36 (b) 所示。

3.5 综合演示

（1）绘制图 3-37 所示图形，并取文件名为"圆弧连接"存盘。

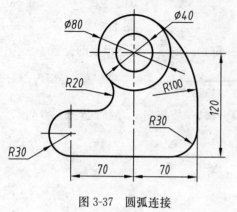

图 3-37 圆弧连接

绘图步骤：

①打开已有样板文件，将其另存为"圆弧连接"，或新建文件。

②利用直线和偏移命令，画点画线以确定圆（弧）的圆心，如图 3-38 (a) 所示。

③利用圆命令（圆心、半径）画圆 $\phi40$、$\phi80$、$R30$，如图 3-38 (b) 所示。

④利用圆命令（相切、相切、半径）画圆 $R20$，$R30$，$R100$，如图 3-38 (c) 所示。

⑤利用修剪命令将多余线段和圆弧去掉，补全所缺线段并整理图形，如图 3-38 (d) 所示。

⑥单击保存按钮 ，保存该图形。

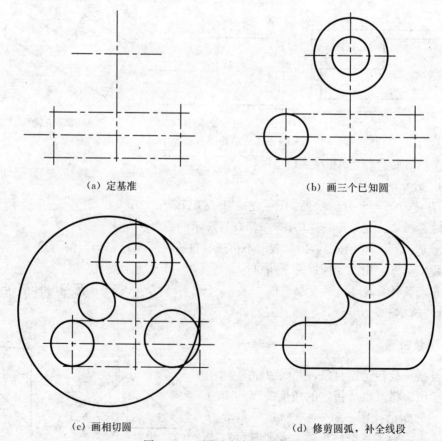

（a）定基准　　　　　　　　　　（b）画三个已知圆

（c）画相切圆　　　　　　　　　（d）修剪圆弧，补全线段

图 3-38 "圆弧连接"画图步骤

（2）综合运用绘图与编辑命令绘制图 3-39 所示的图形。

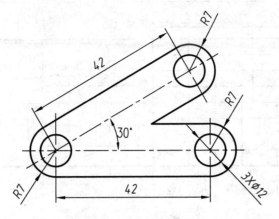

图 3-39　综合演示图例

绘图步骤：

①利用"直线"、"圆"、"复制"等命令绘制图 3-40（a）所示的图形；

②绘制图 3-40（a）中圆的切线，如图 3-40（b）所示；

③修剪内侧圆弧后，将图形进行旋转复制，得到图 3-40（c）所示图形；

④再利用修剪命令修剪多余线段，完成图 3-40（d）所示的图形。

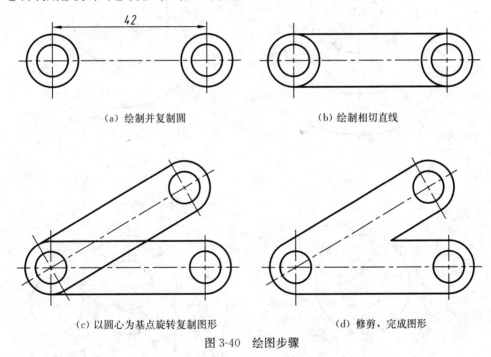

（a）绘制并复制圆　　　　　　　　　（b）绘制相切直线

（c）以圆心为基点旋转复制图形　　　　（d）修剪，完成图形

图 3-40　绘图步骤

3.6　上机实践

3-1　按尺寸绘制如图 3-41 所示标题栏，并取文件名为"标题栏"存盘。暂时不填写文字内容。

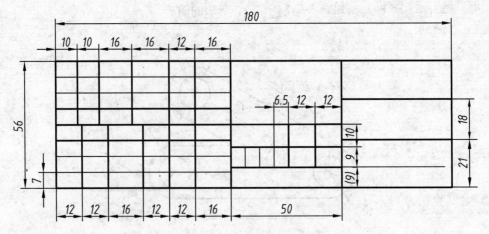

图 3-41 标题栏

3-2 参照图 3-42 所示绘图步骤绘制 3-42（a）所示图形。

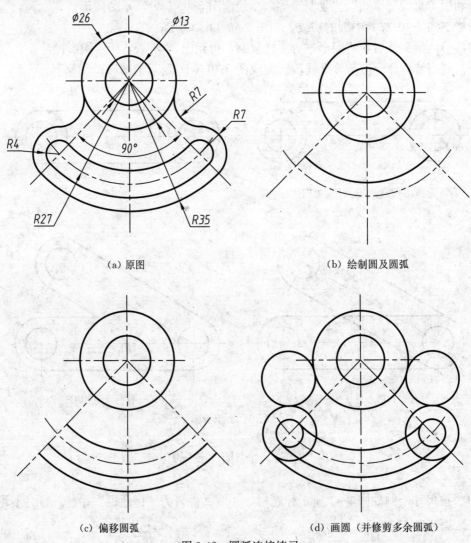

（a）原图

（b）绘制圆及圆弧

（c）偏移圆弧

（d）画圆（并修剪多余圆弧）

图 3-42 圆弧连接练习

3-3 参照图 3-43 所示绘图步骤绘制 3-43（a）所示图形。

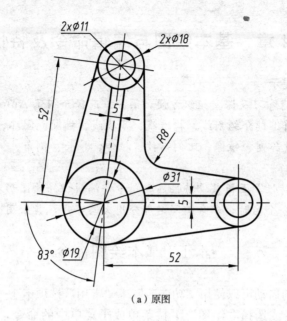

（a）原图

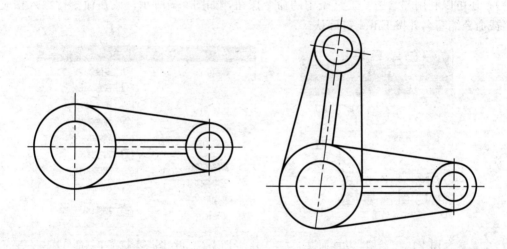

（b）绘制圆及切线　　　　　　（c）利用旋转命令复制图形（并修剪多余图线）

图 3-43　综合练习

第4章 基本绘图与编辑命令及特性修改

本章学习要点提示

1. 考虑到初学者学习及课堂组织方便，第3章选择介绍了 AutoCAD 中一些常用的绘图与编辑命令，本章将继续介绍射线、构造线、多段线、椭圆、圆环、样条曲线、多线等基本二维绘图命令，以及阵列、镜像、比例缩放、拉伸、拉长、倒角、倒圆角、打断、合并等基本编辑命令。

2. 介绍利用"特性"面板及"特性匹配"命令编辑、修改图形对象特性的方法。

3. 本书给出命令全名时，命令缩写名部分用大写字母，其余用小写字母，以示区分。

4.1 基本绘图命令

基本绘图命令的启动可以使用"功能区" | "常用"选项卡 | "绘图"面板内的命令按钮，如图 4-1 所示；或选择"绘图"下拉菜单或子菜单中的命令，如图 4-2 所示（截取部分）；还可以利用"绘图"工具条中的命令按钮，如图 4-3 所示；或在命令行输入相应命令名或命令缩写名并按 Enter 键确认。

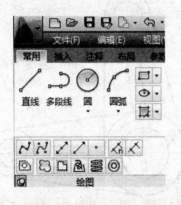

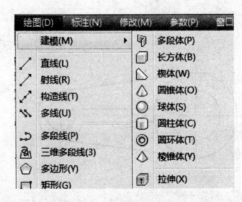

图 4-1 "绘图"功能面板　　　　图 4-2 "绘图"下拉菜单（部分）

图 4-3 "绘图"工具条

4.1.1 射线（RAY）命令

1. 命令功能

创建始于一点并无限延伸的直线（称为射线），射线可用作创建其他对象的参照。

2. 操作方法

单击"功能区" | "常用"选项卡 | "绘图"面板 | "射线"命令按钮 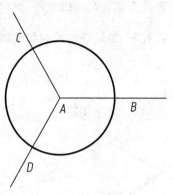，
AutoCAD 提示：

指定起点：鼠标捕捉图 4-4 中 A 点，鼠标左键单击或键盘输入坐标值确定射线的起始点

指定通过点：鼠标左键单击 B 点，起点和通过点定义射线延伸的方向

指定通过点：鼠标左键单击 C 点

指定通过点：鼠标左键单击 D 点

指定通过点：✓

上述过程以圆心 A 为起始点，分别通过 B、C、D 三点绘制完成三条射线，射线在由起点和通过点确定的方向上无限延伸。图 4-4 为截取屏幕中的一部分。

"指定通过点"的提示会重复显示，以便创建多条射线。按 Enter 键可以结束命令。

4.1.2 构造线（XLine）命令

1. 命令功能

绘制沿两个方向无限延伸的直线。构造线一般用作创建其他对象的参照，也可用作修剪边界。

图 4-4 绘制射线

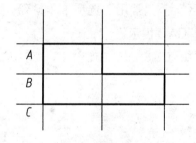

图 4-5 绘制构造线

2. 操作方法

单击"功能区" | "常用"选项卡 | "绘图"面板 | "构造线"命令按钮，AutoCAD 提示：

指定点或 [水平（H）/垂直（V）/角度（A）/二等分（B）/偏移（O）]：h✓（绘制水平线）

指定通过点：单击图 4-5 所示点 A，绘制完成过 A 点的水平构造线

指定通过点：✓（按 Enter 键，退出当前命令）；

重复前一命令，AutoCAD 提示：

指定点或 [水平（H）/垂直（V）/角度（A）/二等分（B）/偏移（O）]：o✓（创建平行于另一个对象的参照线）；

指定偏移距离或 [通过（T）] <5.0000>：8✓（指定偏移距离为 8mm）

选择直线对象：选择构造线 A

指定向哪侧偏移：在线 A 之下单击，创建构造线 B

选择直线对象：选择构造线 B

指定向哪侧偏移：在线 B 之下单击，创建构造线 C

选择直线对象：✓（按 Enter 键，退出当前命令）

类似方法可以绘制两条距离为 16mm 的竖直构造线。

以上述构造线为辅助线，用粗实线绘制图形，如图 4-5 所示。

3. 选项说明

(1) 指定点：通过指定两点绘制构造线；

(2) 水平：绘制通过指定点的水平构造线；

(3) 垂直：绘制通过指定点的垂直构造线；

(4) 角度：指定构造线的方向或指定与所选直线之间的角度绘制构造线；

(5) 二等分：所绘构造线为指定 3 点所确定的角的平分线；

(6) 偏移：绘制与指定直线平行的构造线。

构造线作为辅助线在绘制三视图时可以用作长对正、高平齐的辅助线，但使用过多容易造成视觉混乱，因此可以单独设置图层管理构造线等辅助线，不用时可以关闭，不显示。

4.1.3　多段线的绘制与编辑

1. 多段线的绘制（PLine）

1) 命令功能

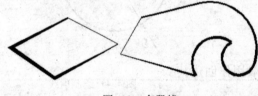

图 4-6　多段线

多段线命令可用来绘制由多段直线、圆弧构成的图形对象。如图 4-6 所示，其各段图线的宽度可以不同，但同一次多段线命令所绘制的多段图线将作为同一个图形对象进行管理。

2) 操作方法

单击"功能区"｜"常用"选项卡｜"绘图"面板｜"多段线"命令按钮 ，即启动多段线命令，AutoCAD 提示：

指定起点：鼠标左键单击或键盘输入坐标值确定多段线起始点

当前线宽为 0.0000（说明当前图线线宽）

指定下一个点或［圆弧（A）/半宽（H）/长度（L）/放弃（U）/宽度（W）］：

3) 选项说明

(1) 圆弧：用于绘制圆弧；

(2) 半宽：用于指定多段线的半宽；

(3) 长度：用于指定所绘多段线的长度；

(4) 宽度：用于确定多段线的宽度。

2. 多段线绘图举例

(1) 绘制如图 4-7 (a) 所示剖切符号。

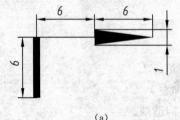

(a)　　　　　　　　　　　　　　(b)

图 4-7　多段线绘制剖切符号

绘图过程参见图 4-7（b），具体步骤如下：

单击"多段线"命令按钮，AutoCAD 提示：

命令：_pline

指定起点：给出起始点（A 点）位置；

当前线宽为 0.0000

指定下一个点或 ［圆弧（A）/半宽（H）/长度（L）/放弃（U）/宽度（W）］：w✓（将指定多段线的宽度）

指定起点宽度 <0.0000>：1✓ （指定多段线起始点的宽度为 1mm）

指定端点宽度 <1.0000>：✓ （接受多段线端点的宽度为默认值 1mm，与起始点相同）

指定下一个点或 ［圆弧（A）/半宽（H）/长度（L）/放弃（U）/宽度（W）］：@ 0，6✓ （指定 B 点相对坐标）

指定下一点或 ［圆弧（A）/闭合（C）/半宽（H）/长度（L）/放弃（U）/宽度（W）］：w✓

指定起点宽度 <1.0000>：0✓

指定端点宽度 <0.0000>：✓

指定下一点或 ［圆弧（A）/闭合（C）/半宽（H）/长度（L）/放弃（U）/宽度（W）］：@ 6，0✓ （指定 C 点相对坐标）

指定下一点或 ［圆弧（A）/闭合（C）/半宽（H）/长度（L）/放弃（U）/宽度（W）］：w✓

指定起点宽度 <0.0000>：1✓

指定端点宽度 <1.0000>：0✓

指定下一点或 ［圆弧（A）/闭合（C）/半宽（H）/长度（L）/放弃（U）/宽度（W）］：@ 6，0✓ （指定 D 点相对坐标）

指定下一点或 ［圆弧（A）/闭合（C）/半宽（H）/长度（L）/放弃（U）/宽度（W）］：✓ （按 Enter 键或按 Esc 键退出）

以上操作完成 AB、BC、CD 三段线的绘制，在进行编辑的过程中三段线将作为一个整体，选中三段线上的任意一点，即选中了这个整体。

（2）绘制如图 4-8（a）所示旋转符号。

绘图过程参见图 4-8（b）、（c），具体步骤如下：

先用画圆或画圆弧命令绘制半圆弧 EFG，然后单击"多段线"命令按钮，启动"多段线"命令，AutoCAD 提示：

命令：_pline

指定起点：（ 准确捕捉圆弧起始点 E）

当前线宽为 0.0000

指定下一个点或 ［圆弧（A）/半宽（H）/长度（L）/放弃（U）/宽度（W）］：w✓（将指定多段线的宽度）

指定起点宽度 <0.0000>：✓

指定端点宽度 <0.0000>：2✓

指定下一个点或 ［圆弧（A）/半宽（H）/长度（L）/放弃（U）/宽度（W）］：a✓（表示将绘制圆弧）

指定圆弧的端点或

［角度（A）/圆心（CE）/方向（D）/半宽（H）/直线（L）/半径（R）/第二个点
（S）/放弃（U）/宽度（W）］：s↙（表示将给出圆弧上的第二个点）

指定圆弧上的第二个点：选择圆弧上的点 K（利用捕捉"最近点"方式）

指定圆弧的端点：选择圆弧上的点 F（利用捕捉"最近点"方式）

指定圆弧的端点或

［角度（A）/圆心（CE）/方向（D）/半宽（H）/直线（L）/半径（R）/第二个点
（S）/放弃（U）/宽度（W）］：↙（按 Enter 键，结束命令）

以上操作完成如图 4-8 所示的 *EKFG* 圆弧，是机械图样中的旋转符号。

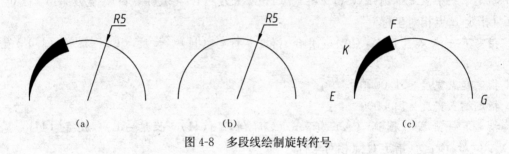

图 4-8　多段线绘制旋转符号

3. 多段线编辑（PEdit）

1）命令功能

多段线提供单个直线所不具备的编辑功能。绘制多段线后，可以对它进行编辑和修改。
例如，可以调整多段线的宽度和曲率。

2）操作方法

单击"功能区"｜"常用"选项卡｜"修改"面板｜"编辑多段线"命令按钮✍，或
单击"修改 II"工具栏上"编辑多段线"命令按钮✍，激活多段线编辑命令，AutoCAD
提示：

选择多段线或［多条（M）］：

选择要编辑的多段线，AutoCAD 提示：

输入选项［闭合（C）/合并（J）/宽度（W）编辑顶点（E）/拟合（F）/样条曲线
（S）/非曲线化（D）/线型生成（L）/反转（R）/放弃（U）］：

3）选项说明

（1）闭合：用于将多段线封闭；

（2）合并：用于将多条多段线（及直线、圆弧）合并；

（3）宽度：用于更改多段线的宽度；

（4）编辑顶点：用于编辑多段线的顶点；

（5）拟合：用于创建圆弧拟合多段线；

（6）样条曲线：用于创建样条曲线拟合多段线；

（7）非曲线化：用于反拟合；

（8）线型生成：用来规定非连续型多段线在各顶点处的绘线方式；

（9）反转：用于改变多段线上的顶点顺序。

4.1.4 椭圆 (Ellipse) 命令

1. 命令功能

创建椭圆或椭圆弧。

2. 操作方法

单击"功能区"|"常用"选项卡|"绘图"面板|"椭圆"命令按钮 ○；激活绘制椭圆命令，AutoCAD 提示：

命令：_ellipse

指定椭圆的轴端点或 [圆弧 (A) /中心点 (C)]：

3. 选项说明

(1) 轴端点：根据两个端点定义椭圆的第一条轴。第一条轴的角度确定了整个椭圆的角度。第一条轴既可定义为椭圆的长轴也可定义为短轴，根据其数值大小确定。

(2) 圆弧：创建一段椭圆弧。

(3) 中心点：使用中心点、第一个轴的端点和第二个轴的长度来创建椭圆。可以通过鼠标单击或输入长度值来指定距离。

4. 应用举例

绘制图 4-9 所示的三个椭圆。

(1) 非精确绘制图 4-9 (a) 所示尺寸不确定的椭圆。

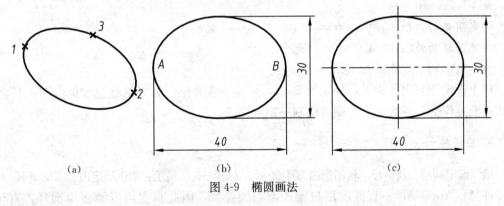

(a)　　　　　　　　(b)　　　　　　　　(c)

图 4-9　椭圆画法

单击"椭圆"命令按钮 ○；激活绘制椭圆命令，AutoCAD 提示：

命令：_ellipse

指定椭圆的轴端点或 [圆弧 (A) /中心点 (C)]：单击鼠标左键确定点 1 为椭圆的轴端点

指定轴的另一个端点：在适当位置单击鼠标左键确定点 2，12 为椭圆的一条轴

指定另一条半轴长度或 [旋转 (R)]：在适当位置单击鼠标左键确定点 3，由此指定另一条半轴长度

完成图 4-9 (a) 所示椭圆。

（2）精确绘制图 4-9（b）所示长轴 40mm，短轴 30mm 的椭圆。

命令：_ellipse

指定椭圆的轴端点或［圆弧（A）/中心点（C）］：鼠标左键单击一点 A

指定轴的另一个端点：@40，0✓（给出 B 点相对坐标，确定椭圆一个轴的长度为 40mm）

指定另一条半轴长度或［旋转（R）］：15✓（给出椭圆另一个轴的半轴长度为 15mm）

完成图 4-9（b）所示椭圆。

（3）以十字相交点画线的交点为中心点，精确绘制图 4-9（c）所示长轴 40mm，短轴 30mm 的椭圆。

命令：_ellipse

指定椭圆的轴端点或［圆弧（A）/中心点（C）］：c✓

指定椭圆的中心点：选择点画线交点

指定轴的端点：@20，0✓

指定另一条半轴长度或［旋转（R）］：15✓

完成图 4-9（c）所示椭圆。

4.1.5　圆环（DOnut）命令

1. 命令功能

绘制由一对同心圆组成的圆环，并将两圆之间区域填充。

2. 基本操作

单击"绘图"功能面板内的"圆环"命令按钮◎，激活绘制圆环命令，AutoCAD 提示：

命令：_donut

指定圆环的内径＜10.0000＞：0✓

指定圆环的外径＜20.0000＞：2✓

指定圆环的中心点或＜退出＞：

以上设定圆环内径为零，外径为 2mm，可得一实心圆。如果鼠标左键单击图 4-10 所示直线各交点作为圆环的中心点则可绘制一系列圆点。

3. 应用举例

恰当选定圆心点及半径，利用绘制圆环命令绘制图 4-11。（提示：本例给定内径 50，外径 60）。

注意：AutoCAD 一直提示用户输入圆心的位置，因此每次可以画多个圆环，直至按 Enter 键结束命令。

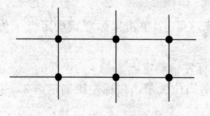

图 4-10　实心的填充圆

图 4-11　圆环的应用

4.1.6 样条曲线的绘制与编辑

1. 样条曲线的绘制（SPLine）

1）命令功能

该命令可以绘制非一致有理 B 样条曲线，可以通过指定一系列控制点来创建样条曲线。样条曲线是经过或接近一系列给定点的光滑曲线，利用样条曲线命令可以快速绘制工程图样中的波浪线。

2）操作方法

单击"功能区" | "常用"选项卡 | "绘图"面板 | "样条曲线"命令按钮～，激活绘制样条曲线的命令。

3）应用举例

绘制图 4-12 所示样条曲线。

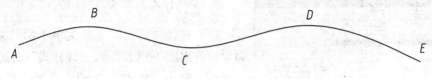

图 4-12 样条曲线

启动"样条曲线"命令，AutoCAD 提示：

命令：_spline

指定第一个点或 [对象（O）]：（鼠标左键单击一点 A）

指定下一点：（单击一点 B）

指定下一点或 [闭合（C）/拟合公差（F）] ＜起点切向＞：（单击一点 C）

指定下一点或 [闭合（C）/拟合公差（F）] ＜起点切向＞：（单击一点 D）

指定下一点或 [闭合（C）/拟合公差（F）] ＜起点切向＞：（单击一点 E）

指定下一点或 [闭合（C）/拟合公差（F）] ＜起点切向＞：↙（按 Enter 键退出当前命令）

绘制完成样条曲线如图 4-12 所示。

如果绘制完成的样条曲线的形状不理想，可以选中该样条曲线，然后单击并拖动控制点，调整样条曲线的形状。

2. 样条曲线的编辑命令（SPlinEdit）

1）命令功能

编辑已绘制完成的样条曲线。

2）基本操作

单击"功能区" | "常用"选项卡 | "修改"面板 | "编辑样条曲线"命令按钮，或单击"修改 II"工具栏上的"编辑样条曲线"命令按钮，AutoCAD 提示：

选择样条曲线：选择样条曲线，控制点处显示出蓝色方框

输入选项 [拟合数据（F）/闭合（C）/移动顶点（M）/精度（R）/反转（E）/转换为多段线（P）/放弃（U）]：

3）选项说明

（1）拟合数据：修改样条曲线的拟合点；

（2）闭合：封闭样条曲线；

（3）移动顶点：将拟合点移动到当前位置；

（4）精度：对样条曲线的控制点进行细化操作；

（5）反转：反转样条曲线的方向；

（6）转换为多段线：将样条曲线转化为多段线。

4.1.7 多线

1. 命令功能

多线是由多条平行线组成的直线集，这些平行线称为元素，多线内的直线线型可选。连续绘制的多线是一个图元，常用于建筑图形的墙线、电子线路等平行线的绘制。在绘制多线前应该对多线样式进行定义，然后用定义的样式绘制多线。

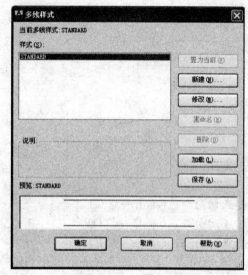

图 4-13　"多线样式"对话框

2. 多线样式的定义（MLSTYLE）

（1）选择"格式"下拉菜单中的"多线样式"命令，弹出图 4-13 所示"多线样式"对话框。

（2）单击"修改"按钮，弹出"修改多线样式"对话框，在对话框内设置图元的数量、颜色、线型、偏移距离、图线封口样式等参数，如图 4-14 所示。

注意：偏移的数值并不是真实尺寸，默认设置为 0.5 和 −0.5，偏移量 0.5 到 −0.5 对应的真实距离为 20mm，在"偏移"栏内可以设置新增元素的偏移量。

（3）在"预览"区可以看到设置完成的多线样式。单击"确定"按钮，完成多线样式定义。

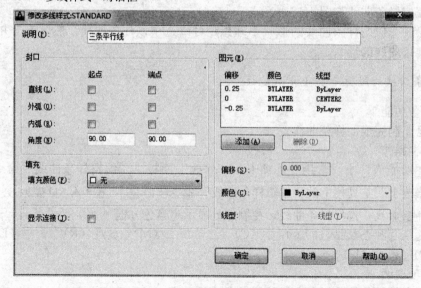

图 4-14　"修改多线样式"对话框

3. 多线的绘制（MLine）步骤

在"绘图"下拉菜单中单击
"多线（M）"；或键盘输入"ML"，
按 Enter 键，即可启动命令画图，
例如用鼠标单击拾取点方式绘制如
图 4-15（a）所示多线图形。

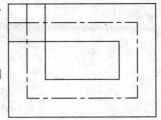 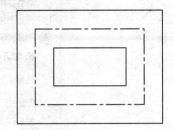

（a）修改前 （b）修改后

4. 多线的编辑（MLEDIT）

鼠标左键双击绘制完成的多线，

图 4-15 多线图形的绘制

会弹出"多线编辑工具"对话框，如图 4-16 所示，通过对话框可以方便地对多线进行编辑。
如图 4-15（b）为选择"角点结合"方式对左、上两断线进行修改之后的结果。

图 4-16 "多线编辑工具"对话框

4.2 基本编辑命令

基本编辑命令的启动可以使用"功能区"｜"常用"
选项卡｜"修改"面板内的命令按钮，如图 4-17 所示；
或选择"修改"下拉菜单或子菜单中的命令，如图 4-18
所示（截取部分）；还可以利用"修改"工具栏中的命令
按钮，如图 4-19 所示；或在命令行输入相应命令名或命
令缩写名并按 Enter 键确认。

图 4-17 "修改"功能面板

4.2.1 矩形阵列（ARray）

1. 命令功能

矩形阵列命令可以按任意的行和列的形式复制选定对象以创建阵列。

图 4-18 "修改"下拉菜单

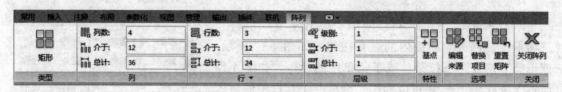

图 4-19 "修改"工具条

2. 操作方法

（1）单击"功能区" | "常用"选项卡 | "修改"面板 | "矩形阵列"命令按钮 ，
激活矩形阵列命令。

（2）选择要阵列的对象，并按 Enter 键，将显示矩形阵列预览。

（3）在阵列预览中，可以拖动夹点调整间距以及行数和列数；还可以在"阵列创建"上
下文功能区中修改值，如图 4-20 所示。

图 4-20 矩形阵列

3. 应用举例

通过矩形阵列由图 4-21（a）所示三角形创建图 4-21（b）所示阵列。

（1）单击"功能区" | "常用"选项卡 | "修改"面板 | "矩形阵列"命令按钮 ，
启动矩形阵列命令；

（2）选择图 4-21（a）所示三角形；

（3）命令行提示：

选择夹点以编辑阵列或［关联（AS）/基点（B）/计数（COU）/间距（S）/列数
（COL）/行数（R）/层数（L）/退出（X）］<退出>：

此时，被选择对象会按照矩形阵列的初始值显示复制情况预览，如图 4-21（b）所示。
图中显示的特征点即为夹点，选择相应的夹点可以更改阵列参数设置。某些夹点具有多个操
作，当单击夹点使其处于选定状态，变为红色时，可以按 Ctrl 键来循环浏览这些选项。也
可以利用"矩形阵列"上下文功能区进行设置，调整间距、项目数和阵列层级等。

在图 4-21 所示"阵列创建"上下文功能区中修改值，将"列数"、"行数"、"列介于"、
"行介于"分别赋值为 4、3、12、12，阵列结果如图 4-21（b）所示。如果选择阵列对象相
互关联，则单击阵列完成后的图形可以随时利用夹点或上下文功能区进行编辑。

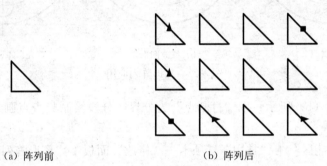

(a) 阵列前　　　　　　　　　　　　　　(b) 阵列后

图 4-21　矩形阵列应用

4.2.2　环形阵列（ARRAYPOLAR）

1. 命令功能

通过围绕指定的中心点或旋转轴复制选定对象来创建阵列。

2. 操作方法

（1）单击"功能区"｜"常用"选项卡｜"修改"面板｜"环形阵列"命令按钮，
激活环形阵列命令。

（2）选择要阵列的对象，并按 Enter 键确认。

（3）指定中心点，将显示阵列预览。

（4）在阵列预览中，拖动夹点以调整其参数设置。可以在"阵列创建"上下文功能区中
修改项目数，确定要阵列的对象的数量值；输入角度，确定要填充的角度等，如图 4-22
所示。

常用	插入	注释	布局	参数化	视图	管理	输出	插件	联机	阵列创建					
极轴		项目数：6		行数：1		级别：1									关闭阵列
		介于：60		介于：30		介于：1		关联	基点	旋转项目	方向				
		填充：360		总计：30		总计：1									
类型		项目		行 ▾		层级		特性							关闭

图 4-22　环形阵列

3. 应用举例

将图 4-23（a）所示 φ6 小圆通过环形阵列成为图 4-23（c）所示图形。

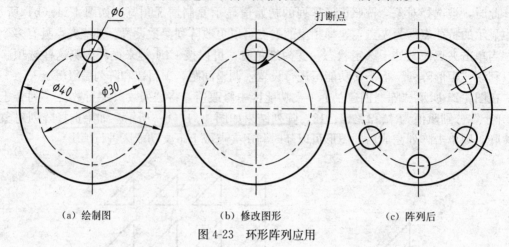

| （a）绘制图 | （b）修改图形 | （c）阵列后 |

图 4-23　环形阵列应用

首先，按 4-23（b）所示，以"打断点"为分界，分段绘制竖直点画线，然后按下列步骤进行：

（1）单击"功能区"｜"常用"选项卡｜"修改"面板｜"环形阵列"命令按钮。

（2）选择被阵列对象：φ6 小圆及竖直方向的一段点画线。

（3）AutoCAD 提示：

指定阵列的中心点或［基点（B）/旋转轴（A）］：

用捕捉方式准确捕捉 φ40 圆的圆心为阵列的中心点；

（4）出现阵列预览，在图 4-22 所示上下文功能区面板中为参数赋值："项目总数"为 6；"填充角度"为 360°；

环行阵列有三个参数项目：项目数、介于（两个项目间夹角）、填充（总的填充角度），给定其中两项，即可确定运行结果。相应参数也可以通过命令行输入，还可以通过夹点对阵列进行调整。

4.2.3　镜像（MIrror）

1. 命令功能

镜像命令可以将选定图形相对镜像线创建与原图对称的图形镜像副本，原图可以保留也可以不保留。

2. 操作方法

（1）单击"功能区"｜"常用"选项卡｜"修改"面板｜"镜像"命令按钮，激活镜像命令；

（2）选择要镜像的对象；

（3）指定镜像直线的第一点；

（4）指定第二点；

（5）确认是否保留原始对象，完成镜像操作。

3. 应用举例

绘制图 4-24 所示图形。

图 4-24 所示图形左右对称，首先以对称线为分界绘制完成其左半部分图形，如图 4-25（a）所示，然后单击"功能区"｜"常用"选项卡｜"修改"面板｜"镜像"命令按钮 ，激活镜像命令；AutoCAD 提示：

命令：_mirror

选择对象：（不含文字框选图 4-25（a）所示图形）

选择对象：↙（结束选择）

指定镜像线的第一点：（准确捕捉点画线上端点 A）

指定镜像线的第二点：（准确捕捉点画线上端点 B）

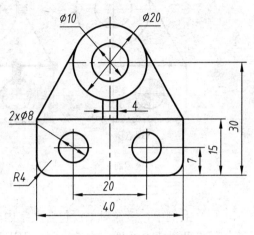

图 4-24　镜像的应用

要删除源对象吗？［是（Y）/否（N）］<N>：↙（选择接受默认项，不删除源对象）

完成图形如图 4-25（b）所示。

同样上述过程，如果在 AutoCAD 提示：

要删除源对象吗？［是（Y）/否（N）］<N>：y↙（输入"y"，选择删除源对象）

则完成图形如图 4-26（b）所示。

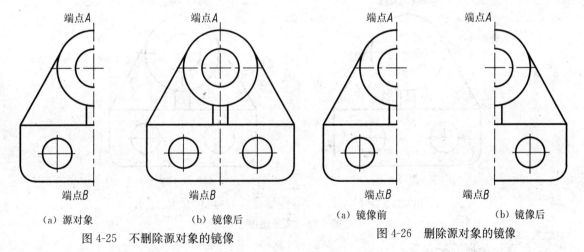

（a）源对象　　　　　　（b）镜像后

图 4-25　不删除源对象的镜像

（a）镜像前　　　　　　（b）镜像后

图 4-26　删除源对象的镜像

4. 使用说明

（1）镜像命令用于创建对称图形，可以简化作图过程，但并非所有对称图形都一定是绘制一半图形再完全镜像最简单，例如仍以图 4-24 所示图形为例，上述步骤是为了介绍镜像命令而选择的绘图步骤，实际应用中可以更灵活，如完整绘制直径为 10 和 20 的两圆，而在选择镜像对象时可以不选择二者，镜像结果相同，如图 4-27 （c）所示，但作图过程相对简单。

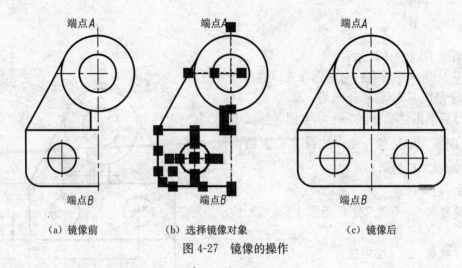

（a）镜像前　　　　　（b）选择镜像对象　　　　　（c）镜像后

图 4-27　镜像的操作

（2）上例中，镜像对象没包含文字内容，当有文字参与镜像时，可以选择直接镜像和非直接镜像两种方式，对应系统变量 MIRRTEXT 的值有所不同。要想镜像后文字可读，应在镜像操作之前确认系统变量 MIRRTEXT 的值设置为 0；而要直接镜像文字，MIRRTEXT 的值应设置为 1。

操作如下：

命令：MIRRTEXT ↙（键盘输入命令名后按 Enter 键）；AutoCAD 提示：

输入 MIRRTEXT 的新值 ＜0＞：1 ↙（输入 1 后按 Enter 键）

应用结果如图 4-28 所示。

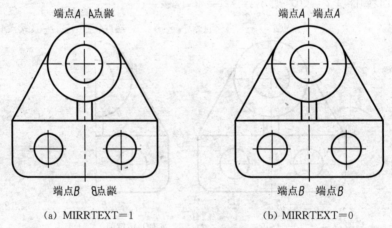

（a）MIRRTEXT＝1　　　　　　　　　　（b）MIRRTEXT＝0

图 4-28　文字镜像

4.2.4　比例缩放（SCale）

1. 命令功能

可以将所选图形相对于指定基点按给定比例整体放大或缩小。

2. 操作方法

(1) 单击"功能区"｜"常用"选项卡｜"修改"面板｜"缩放"命令按钮 ；

(2) 单选或框选被缩放对象；

(3) 指定缩放基点；

(4) 指定缩放比例或切换方式。

在单击"修改"功能面板上的"缩放"命令按钮 ，启动比例缩放命令后，AutoCAD 提示：

命令：_scale

选择对象：

指定基点：

指定比例因子或［复制（C）/参照（R）］＜1＞：

3. 选项说明

(1) 比例因子：此项为缺省项，直接输入一个数值即可。大于 1 放大，小于 1 缩小图形。

(2) 复制（C）：是指缩放创建新的图形对象的同时，原对象保留。

此功能相当于对源对象施加了两个操作，复制之后又进行了放大或缩小。

如图 4-29（b）所示，是以圆心为基点，比例因子为 2，保留模式，对圆 1 进行复制缩放得到圆 2 之后的结果。其操作方法：启动比例缩放命令后，AutoCAD 提示：

命令：_scale

选择对象：选择圆 1 ↙

指定基点：捕捉圆心为基点

指定比例因子或［复制（C）/参照（R）］＜1＞：c ↙

指定比例因子或［复制（C）/参照（R）］＜1＞：2 ↙

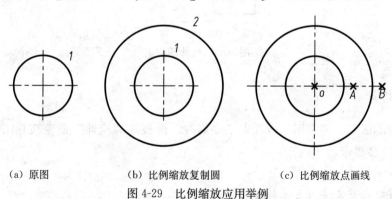

(a) 原图　　　　　　(b) 比例缩放复制圆　　　　(c) 比例缩放点画线

图 4-29　比例缩放应用举例

(3) 参照（R）：是指以参照形式指定比例因子。选择此项，AutoCAD 要求先后输入用作参照的长度和新长度，用以确定比例。在输入长度时，可以输入数值，也可以选择两点，系统自动测量得到长度值，计算出比例因子。

例如图 4-29（c）所示，利用参照方式对点画线进行比例缩放，其操作方法：

选择对象：选择两条点画线

指定基点：选择圆心

指定比例因子或［复制（C）/参照（R）］<1>：r↙（选择利用参照模式确定比例因子）

指定参照长度 <1.0000>：依次单击 O、A 两点（OA 长为参照长度）

指定新的长度或［点（P）］<1.0000>：依次单击 O、B 两点（OB 长为新长度）

命令完成，结果如图 4-29（c）所示。

4.2.5　拉伸命令（Stretch）

1. 命令功能

拉伸命令可以使图形沿着指定方向拉伸或压缩。

可以调整对象大小使其在一个方向上按比例增大或缩小，还可以通过移动端点、顶点或控制点来拉伸某些对象。图 4-30（b）中的一组图形为图 4-30（a）中各图沿 X 轴方向拉伸之后得到的图形。

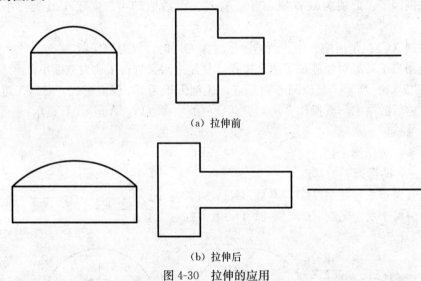

（a）拉伸前

（b）拉伸后

图 4-30　拉伸的应用

2. 操作方法

单击"功能区"｜"常用"选项卡｜"修改"面板｜"拉伸"命令按钮，激活拉伸命令，AutoCAD 提示：

命令：_stretch

以交叉窗口或交叉多边形选择要拉伸的对象…

选择对象：

指定基点或［位移（D)］<位移>：

指定第二个点或 <使用第一个点作为位移>：

拉伸的注意事项：拉伸操作要求被拉伸对象至少有一个顶点或端点包含在交叉窗口内。对于那些完全包含在交叉窗口中的或单独选择的所有对象都将被移动，而不会是拉伸操作。

3. 应用举例

图 4-31 给出了由（a）所示图形拉伸成（d）的过程。

注意：启动命令后，选择对象时确定交叉窗口按图 4-31（a）所示从 1 点到 2 点的顺序从右侧向左侧拉出；对象被选中情况如图 4-31（b）所示；基点和第二点的选择参照图 4-31（c）；拉伸结果如图 4-31（d）所示。

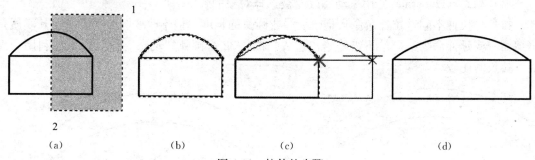

图 4-31　拉伸的步骤

4.2.6　拉长命令（LENgthen）

1. 命令功能

拉长命令可以修改线的长度或圆弧的包含角。可以指定增量、百分比、全部（最终长度或角度），也可动态拉长。

2. 操作方法

单击"功能区"｜"常用"选项卡｜"修改"面板｜"拉长"命令按钮 ，激活拉长命令，AutoCAD 提示：

命令：_lengthen

选择对象或［增量（DE）/百分数（P）/全部（T）/动态（DY）]：

拉长命令在选择对象之前或之后，必须输入相应拉长选项。

3. 选项说明

（1）增量（Delta）。通过输入长度的改变量来改变线或圆弧的长度，正值延长，负值缩短。选择此项，操作步骤如下：

命令：_lengthen

选择对象或［增量（DE）/百分数（P）/全部（T）/动态（DY）]：DE↙

输入长度增量或［角度（A）] <20.0000>：20↙（加长 20mm，正值延长，负值缩短）

选择要修改的对象或［放弃（U）]：用鼠标选择被修改对象↙

执行结果：被选择对象延长 20mm。

如果在提示：输入长度增量或［角度（A）] <20.0000>：时输入"A"，代表选择"角度 A"选项，并在提示：输入角度增量 <0>：时输入相应角度增量（正值延长，负值缩短），被选择圆弧按指定角度拉长或缩短。

（2）百分比（Percent）。以总长的百分比形式改变对象的长度。选择此项，操作步骤如下：

命令：_lengthen

选择对象或［增量（DE）/百分数（P）/全部（T）/动态（DY）］：P↙

输入长度百分数 ＜100.0000＞：20 ↙ （指执行拉长后选择对象占原长的百分比值）

选择要修改的对象或［放弃（U）］：用鼠标选择对象↙

注意：如输入百分比值小于 100，被选择对象将被缩短；超过 100，选择对象将被延长。

（3）总长（Total）。通过输入新值改变被选择对象的长度。

（4）动态（Dynamic）。用来动态改变被选择对象的长度。

拉长与拉伸不同，拉长命令只是改变线或圆弧的长度，但不改变圆弧的半径，其实质是修剪命令或延伸命令，只是不需要给出边界。图 4-32 是圆弧"动态"拉长模式与利用"夹点"拉长的比较。

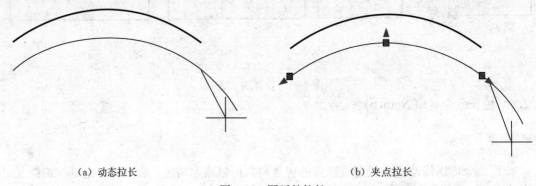

（a）动态拉长　　　　　　　　　　　　　（b）夹点拉长

图 4-32　圆弧的拉长

4. 应用举例

（1）将图 4-33（a）所示的图形，用"增量"修改长度。

命令：_lengthen

选择对象或［增量（DE）/百分数（P）/全部（T）/动态（DY）］：DE↙

输入长度增量或［角度（A）］＜20.0000＞：5 ↙

选择要修改的对象或［放弃（U）］：鼠标单击点画线 AC 上部

结果如图 4-33（b）所示，AC 线向上延长 5mm。

选择要修改的对象或［放弃（U）］：

按上述步骤依次单击点画线 BD 左右段和 AC 下段，则点画线分别向圆外延长 5mm。执行结果如图 4-33（c）所示。

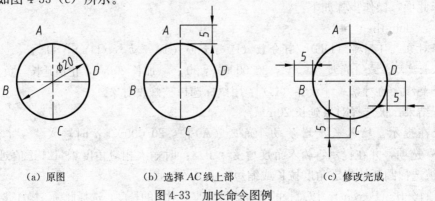

（a）原图　　　　　　　（b）选择 AC 线上部　　　　　　（c）修改完成

图 4-33　加长命令图例

（2）将图 4-34（a）所示直线用百分比方式修改长度。

命令：_lengthen

选择对象或［增量（DE）/百分数（P）/全部（T）/动态（DY）］：P ↙

输入长度百分数＜100.0000＞：60 ↙

选择要修改的对象或［放弃（U）］：在靠近 B 点处用鼠标选择线段 BC

选择要修改的对象或［放弃（U）］：↙

执行结果是 50mm 长的线段 BC 缩短为 30mm（是原长度的 60%）。

重复命令，AutoCAD 提示：

输入长度百分数＜100.0000＞：200 ↙

选择要修改的对象或［放弃（U）］：在靠近 D 点处用鼠标选择线段 CD

执行结果是 20mm 长的线段 CD 延长为 40mm，最后结果如图 4-34（b）所示。

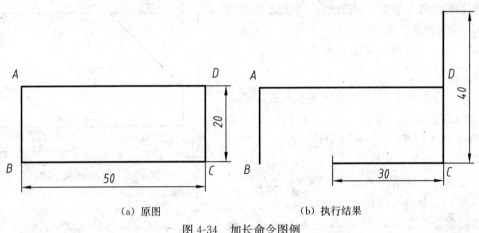

　　　　　（a）原图　　　　　　　　　（b）执行结果

图 4-34　加长命令图例

4.2.7　倒角（CHAmfer）

1. 命令功能

倒角命令是用直线连接两个选定图形对象，如图 4-35 所示。它通常用于表示角点上的倒角边，可以为相交直线、多段线、构造线、射线进行倒角。

2. 操作方法

（1）单击"功能区"｜"常用"选项卡｜"修改"面板｜"倒角"命令按钮，激活倒角命令，命令行提示：

选择第一条直线或［放弃（U）/多段线（P）/距离（D）/角度（A）/修剪（T）/方式（E）/多个（M）］：

（2）确定倒角距离、角度及修剪模式等参数。

（3）依次选择需要倒角的两条直线对象。

3. 选项说明

（1）多段线（P）：可选择多段线，以当前设置的倒角大小对多段线的各顶点（交角）

修剪倒角。

（2）距离（D）：指定两条线上的倒角长度，缺省时倒角长度相等，也可以设置为不相等。

（3）角度（A）：通过指定第一条线上的倒角长度，并指定倒角边与第一条线的夹角，来确定倒角的尺寸。

（4）修剪（T）：倒角后是否裁剪图线，缺省时为修剪。

（5）方式（E）：输入后，命令行提示"输入修剪方法［距离（D）/角度（A）＜距离＞：］"。

（6）多个（M）：可以连续对多个对象倒角。

4. 应用举例

完成图 4-35 所示两处倒角。

利用画线命令绘制一四边形，注意边长超过 30mm，绘制倒角步骤如下：

（1）单击"修改"功能面板上的"倒角"命令按钮 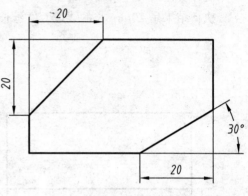。

（2）命令行提示：选择第一条直线或［放弃（U）/多段线（P）/距离（D）/角度（A）/修剪（T）/方式（E）/多个（M）]：D↙（改变倒角距离）

图 4-35 倒角命令的应用

　　指定第一个倒角距离 ＜2.0000＞：20↙
　　指定第二个倒角距离 ＜2.0000＞：20↙

（3）命令行提示：选择第一条直线或［放弃（U）/多段线（P）/距离（D）/角度（A）/修剪（T）/方式（E）/多个（M）]：（选择距离为 20 的倒角的一条边）

选择第二条直线，或按住 Shift 键选择要应用角点的直线：（选择距离为 20 的倒角的另一条边）

完成左上角倒角。

（4）直接按 Enter 键，再次启动倒角命令，命令行提示：

选择第一条直线或［放弃（U）/多段线（P）/距离（D）/角度（A）/修剪（T）/方式（E）/多个（M）]：A↙

　　指定第一条直线的倒角长度 ＜0.0000＞：20↙
　　指定第一条直线的倒角角度 ＜45＞：30↙

选择第一条直线或［放弃（U）/多段线（P）/距离（D）/角度（A）/修剪（T）/方式（E）/多个（M）]：选水平线

选择第二条直线，或按住 Shift 键选择要应用角点的直线：选垂直线，完成图形

由作图过程可见，巧妙利用倒角命令，在某些情况下绘制倾斜直线时会使作图过程简便。

4.2.8　倒圆角（Fillet）

1. 命令功能

倒圆角就是通过一个指定半径的圆弧光滑地连接两个选定的对象。可以修圆角的对象有

圆弧、圆、椭圆、椭圆弧、直线、多段线、射线、样条曲线和构造线等。

2. 操作方法

倒圆角的方法与倒角的方法相似。

（1）单击"功能区"｜"常用"选项卡｜"修改"面板｜"倒圆角"命令按钮⬜，激活倒圆角命令，命令行提示：

命令：_fillet

当前设置：模式 = 不修剪，半径 = 30.0000

选择第一个对象或［放弃（U）/多段线（P）/半径（R）/修剪（T）/多个（M）］：

（2）确定倒圆角的修剪半径；

（3）分别指定需要倒圆角的两个边。

3. 选项说明

（1）多段线（P）：选择多段线；

（2）半径（R）：指定倒圆角半径；

（3）修剪（T）：选择倒圆角后是否修剪被倒圆角的线段；

（4）多个 M：可以连续对多个对象倒圆角。

4. 应用举例

利用倒圆角命令绘制完成图 4-36 中 R4、R7 五处圆角。注意：两条平行线也可以倒圆角，这一点倒圆角与倒角不同。在某些绘制圆弧连接等情况下，巧妙利用倒圆角命令，也会使作图过程简便很多。

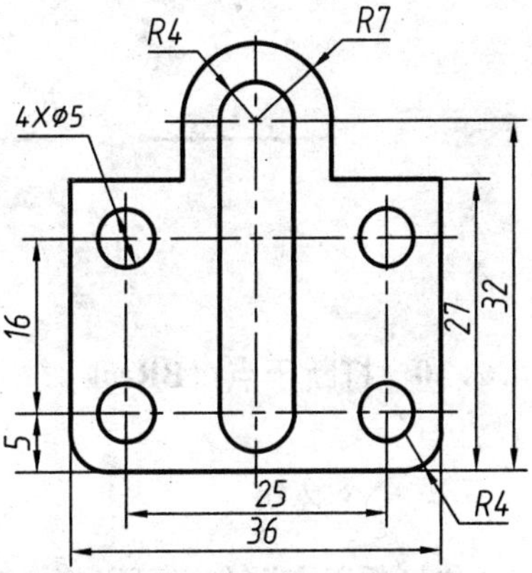

图 4-36　倒圆角命令的应用

4.2.9　打断（BReak）

1. 命令功能

打断命令可以将实体对象上指定两点间的部分断掉，或将一个对象打断成两段首尾相接具有同一端点的对象。

2. 操作方法

（1）单击"功能区"｜"常用"选项卡｜"修改"面板｜"打断"命令按钮⬜，激活打断命令。命令行提示：

命令：_break 选择对象：选取欲打断的线段

指定第二个打断点或［第一点（F）］：

（2）直接指定第二个打断点（默认选择打断对象时鼠标单击点为第一个打断点）或输入"F"重新确定第一个打断点。

3. 选项说明

（1）指定第二个打断点：此项为默认选项，此时用鼠标指定一点后，与之前选择对象时单击点之间的线段被删除。

（2）第一点（F）：若选择此项则需在提示行输入"F"后按 Enter 键，系统将重新依次提示指定第一个打断点；再指定第二个打断点。

打断命令操作中，在命令行提示："指定第二个打断点："时若输入"@"后按 Enter 键，所选线段将从第一点断开为两段线段，此时，命令功能相当于"打断于点"。

4. 应用举例

完成图 4-37 所示打断操作。

步骤如下：

（1）单击"修改"功能面板上的"打断"按钮<img_1 button/>；

（2）鼠标单击 A、B 两点；

（3）按 Enter 键，重复命令；

（4）在命令行提示："指定第二个打断点 或 ［第一点（F）］："时，键盘输入"F"；

（5）在提示："指定第一个打断点："时鼠标选择 C 点、在"指定第二个打断点："时将鼠标移至线段右端点右侧，按要求指定新的打断点后所选线段上两指定点间的线段将被删除，如图 4-37（b）所示。

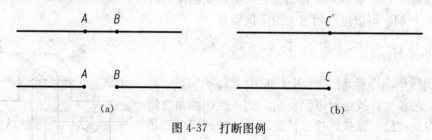

图 4-37　打断图例

4.2.10　打断于点（BReak）

1. 命令功能

"打断于点"命令可以将一个对象在指定点打断成两段首尾相接具有同一端点的对象。

2. 操作方法

（1）单击"功能区"｜"常用"选项卡｜"修改"面板｜"打断于点"命令按钮，激活打断命令；

（2）选择被打断对象；

（3）指定打断点。

由上述观察可见，"打断于点"命令的实质只是"打断"命令的一种形式，适用于想要将对象在指定点处打断成为首尾相接的两段对象的情况，此时，操作过程比使用"打断"命令更简单、方便。

3. 应用举例

以图 4-38 中 AB、CD 二直线交点为分界，将直线 CD 打断成为两段首尾相连的直线段。

单击"打断于点"命令按钮█，激活命令，AutoCAD 提示：

命令：_break 选择对象：用鼠标点选直线 CD

指定第二个打断点 或 [第一点 (F)]：_f（AutoCAD 自动直接选择"f"选项）

指定第一个打断点：用鼠标点选直线 CD 与 AB 的交点

AutoCAD 直接选择第二点与第一点相同，直接结束命令，执行结果是 CD 在交点处被分为首尾相接的两部分，如图 4-38（c）所示。

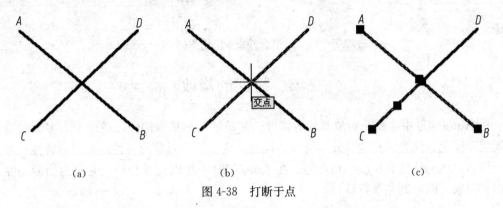

图 4-38　打断于点

4.2.11　合并命令（Join）

1. 命令功能

合并命令可以实现合并相似对象以形成一个完整的对象。要求要合并的对象必须位于相同的平面上，每种类型的对象均有附加限制。合并沿逆时针方向进行。

2. 操作方法

（1）单击"功能区"｜"常用"选项卡｜"修改"面板｜"合并"命令按钮 ➤，激活合并命令；

（2）选择源对象；

（3）选择将合并到源的对象，或选择封闭源对象。

3. 应用举例

（1）将图 4-39（a）中圆弧段 1 作为源对象，选择其余三段合并到 1，结果见图 4-39（b）。

（2）利用合并命令将图 4-39（c）中圆弧 2 转换为圆的具体步骤如下：

命令：_join

选择源对象或要一次合并的多个对象：（选择圆弧 2）

选择要合并的对象：↙

选择圆弧，以合并到源或进行 [闭合（L）]：L↙

圆弧转换为圆，结果见图 4-39（d）。

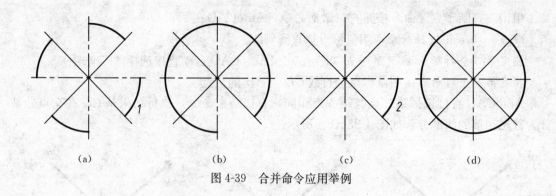

(a)   (b)   (c)   (d)

图 4-39 合并命令应用举例

4.3 特性的修改

在 AutoCAD 中，每个对象都具有特性。某些特性是基本特性，适用于大多数对象，例如图层、颜色、线型和打印样式。有些特性是特定于某个对象的特性，如圆的特性有半径和面积等，直线的特性有长度和角度等。在 AutoCAD 中可以查看和修改对象的当前特性，还可以在对象之间复制某些特性。

4.3.1 利用"特性"选项板查看和修改对象特性

1. 命令功能

利用"特性"选项板可以查看被选择对象的相关特性，并对其特性进行修改。

图 4-40 没有选择对象时的
"特性"选项板

2. 命令操作

（1）选择要查看或修改特性的一个或多个对象（如果同时选择了多个对象，则"特性"选项板中显示的内容是多个对象共有的特性）。

（2）单击"功能区"｜"常用"选项卡｜"特性"面板｜展开按钮 ⌄；或单击"功能区"｜"视图"选项卡｜"选项板"面板｜"特性"按钮；或选择"修改"下拉菜单｜特性（P）；或单击"标准"工具栏上"特性"按键；或输入命令"properties"后按 Enter 键，均可打开"特性"选项板，如图 4-40 所示。

（3）在"特性"选项板中，选择要更改的项目，修改其内容。注意拖动选项板左侧滚动条，可以查看更多项目。

内容修改确认后，修改结果将立即有效，按下 Esc 键可以退出选择。

利用"特性"选项板除了可以修改对象的颜色、图层、线型等基本特性外，还可以修改文字的样式、字体、对齐方式、字高以及尺寸标注中的尺寸线、尺寸界线、箭头样式、尺寸数字等特性。

空命令状态下，双击图形对象可以打开"快捷特性"选项板。按照默认设置，在"快捷特性"选项板中可以修改图形元素的图层、线型、颜色、线宽、线型比例等对象特性。

4.3.2 利用"特性匹配"修改特性

1. 命令功能

可以将选定对象的某些或全部特性应用于其他对象。

2. 操作方法

（1）单击"功能区" | "常用"功能选项卡 | "剪贴板"功能面板上的特性刷（Match property）图标；或选择下拉菜单"修改" | "特性匹配"；或单击"标准"工具条中的特性刷（Match property）图标；或输入命令：MATCHPROP，均可以启动"特性匹配"功能。

（2）选择源对象，其特性将复制给目标对象。

（3）选择目标对象。

完成修改后，按 Enter 键或按 Esc 键退出。

3. 特性设置

在启动"特性匹配"命令后，命令行提示：

选择源对象：

当前活动设置：颜色 图层 线型 线型比例 线宽 厚度 打印样式 标注 文字 填充图案 多段线 视口 表格材质 阴影显示 多重引线

选择目标对象或 ［设置（S)］：s↙

弹出"特性设置"对话框，如图 4-41 所示。

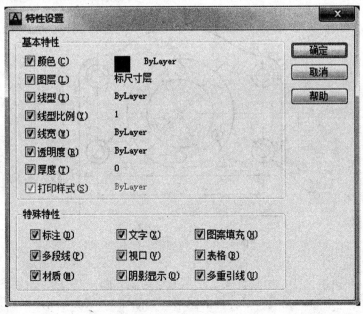

图 4-41　"特性设置"对话框

在默认情况下对话框中所有项目都打开，如果想复制源对象的所有特性，则只要在启动命令后，选择源对象，再选目标对象就可以了。如果只想复制源对象的某些特性，可在对话框中选择，清除那些不希望复制的项目；常用的特性类型包括颜色、图层、线型、线型比例、线宽、打印样式、透明度等。

注意：源对象只可选一个，而目标对象可以选多个，可单选，也可以框选。

4. 应用举例

"特性匹配"命令可以用来修改图形的颜色、图层、线型、线型比例、线宽等特性，如图 4-42 所示，用源对象（粗实线矩形边框）"刷"目标对象（点画线边框），目标对象变成了与源对象一致的粗实线，如图 4-42（d）所示。

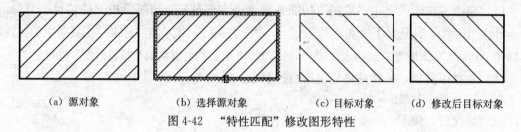

(a) 源对象　　　　　(b) 选择源对象　　　　　(c) 目标对象　　　　(d) 修改后目标对象

图 4-42 "特性匹配"修改图形特性

利用"特性匹配"命令也可以修改图案填充、文字以及尺寸标注的相应属性，如修改填充图案的颜色、图层、比例、角度；修改文字的颜色、图层、文字样式、字体、对齐方式、字高；修改尺寸标注的颜色、图层、尺寸线、尺寸界线、箭头样式等特性。

4.4 综合演示

（1）绘制图 4-43 所示平面图形。

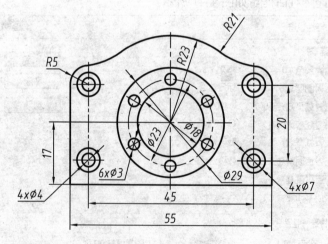

图 4-43 平面图形练习 1

作图步骤提示：

①按照图 4-43 所给尺寸，用画直线、圆弧命令绘制如图 4-44（a）所示的图形。

②利用"镜像"命令，完成有对称性的图形，如图 4-44（b）所示。

③按指定尺寸在左上角绘制两个同心圆，如图 4-44（c）所示。

④利用"矩形阵列"完成图 4-44（d）所示图形。

⑤利用画圆命令完成中间部分三同心圆的绘制，在指定位置绘制直径为φ6 的圆，如图 4-44（e）所示。

⑥利用"圆形阵列"完成均布在圆周上的六个φ6 圆的绘制，如图 4-44（f）所示。

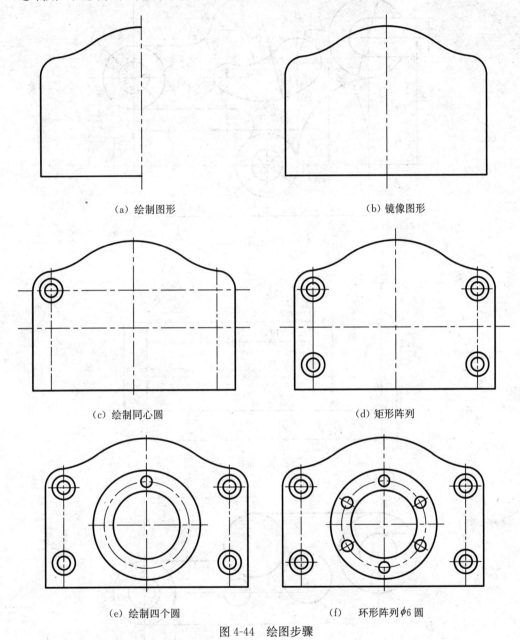

（a）绘制图形　　　　　　　　　　　（b）镜像图形

（c）绘制同心圆　　　　　　　　　　（d）矩形阵列

（e）绘制四个圆　　　　　　　　　　（f）环形阵列φ6 圆

图 4-44　绘图步骤

（2）绘制图 4-45 所示平面图形。

作图步骤提示：

①按照图 4-45 所给尺寸，用直线、偏移等命令绘制作图基准线，如图 4-46（a）所示。

②用直线、圆命令绘制已知圆和直线，如图 4-46（b）所示。

③利用圆角命令绘制连接弧，完成图形如图 4-46（c）所示。

④利用"相切、相切、半径"方式绘制与 R7、R4 均相切、半径为 22 的圆，补全连接弧，修剪多余线段，补全中心线，完成全图，如图 4-46 (d) 所示。

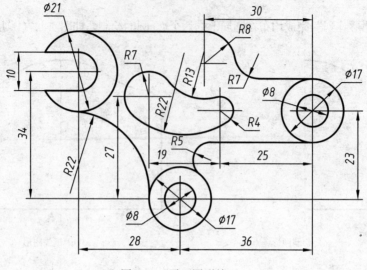

图 4-45　平面图形练习 2

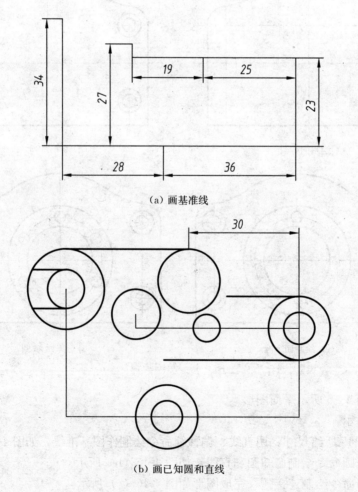

（a）画基准线

（b）画已知圆和直线

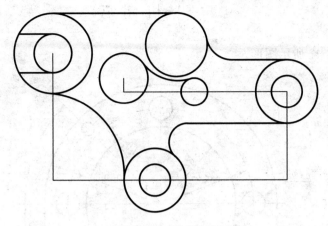

(c) 利用圆角命令绘制连接圆弧

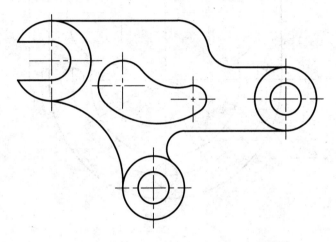

(d) 修剪多余线段，补全圆弧及中心线，完成全图

图 4-46　绘图步骤

4.5 上机实践

4-1 绘制图 4-47 所示图形。

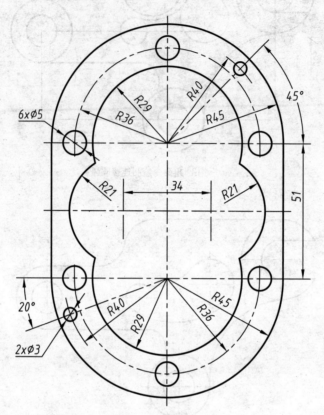

图 4-47 上机练习 1

4-2 绘制图 4-48 所示图形。

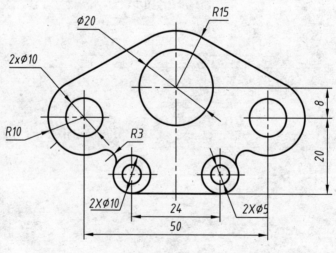

图 4-48 上机练习 2

4-3 绘制图 4-49 所示图形。

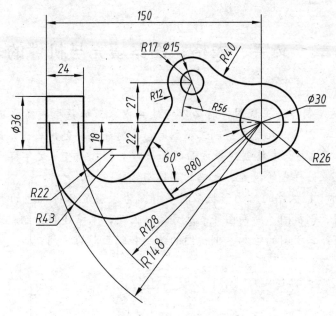

图 4-49 上机练习 3

4-4 绘制图 4-50 所示图形。

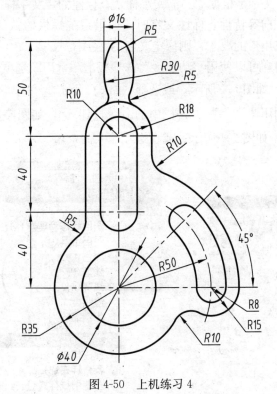

图 4-50 上机练习 4

第5章　文字、表格、图案填充与机件的表达

本章学习要点提示

1. 文字注写是绘制各种工程图样时必不可缺的内容。标题栏内需要填写文字，图样中一般还有技术要求等文字；此外在绘制工程图时，有时还需要创建表格。因此，本章首先介绍 AutoCAD 中文字注写与表格创建等方面的知识。主要内容有：文字样式的设置、文字的注写与编辑修改，表格样式的设置、表格的创建与编辑。

2. 在生产实际中，机件的结构形状多种多样。为了满足各种机件的表达需求，在工程图样中常采用视图、剖视图、断面图等表达方法。因此，本章还将介绍机件的表达等方面的知识。主要内容有：三视图的绘制、剖视图的绘制和断面图的绘制。

5.1　文字的注写

5.1.1　文字样式命令的启动

在 AutoCAD 中，文字是根据"当前文字样式"标注的。文字样式包括文字的字体、字高、颜色、文字标注方向等特性。标注文字时，如果系统提供的默认 Standard 文字样式不能满足制图国家标准或用户的要求，则应定义新的文字样式。

文字样式命令的启动可以使用"功能区"选项板上"常用"选项卡中"注释"面板内的文字样式命令按钮 A，如图 5-1 所示；或选择"格式"下拉菜单中的选项，如图 5-2（截取部分）所示；还可以利用"文字"工具栏中的命令按钮 A，如图 5-3 所示；或"样式"工具栏中的命令按钮 A，如图 5-4 所示；或在键盘输入命令名。

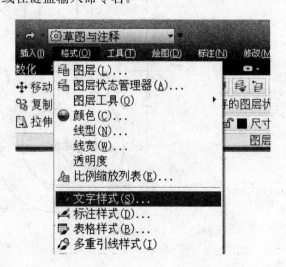

图 5-1　"注释"面板　　　　　　　　　图 5-2　"格式"下拉菜单

图 5-3 "文字"工具栏

图 5-4 "样式"工具栏

5.1.2 文字样式命令

1. 命令功能

文字样式（STyle）命令可以创建、修改或指定文字样式。

2. 操作方法

单击"文字样式"命令按钮 A，弹出图 5-5 所示的"文字样式"对话框。

图 5-5 "文字样式"对话框

3. 选项说明

（1）"样式"列表框：列表框中列有当前已定义的文字样式，用户可从中选择对应的样式作为当前样式或进行样式修改。

（2）"字体"选项组：用于选择、确定所采用的字体。

（3）"大小"选项组：用于指定文字的高度。

（4）"效果"选项组：用于设置字体的某些特征，如字的宽高比（即宽度因子）、倾斜角度、是否倒置显示、是否反向显示以及是否垂直显示等。

（5）预览窗口：用于预览所选择或所定义文字样式的标注效果。

（6）"新建"按钮：用于创建新样式，新建的样式将出现在"样式"列表框中。

（7）"置为当前"按钮：用于将选定的样式设为当前样式。

5.1.3　新文字样式的创建与设置

单击"文字样式"对话框中的"新建"按钮，弹出"新建文字样式"对话框，如图5-6所示，系统默认样式名为"样式1"，用户可根据需要更改样式名，如改为"汉字"，然后按"确定"按钮，关闭"新建文字样式"对话框，退回"文字样式"对话框，可继续其他选项的设置。

注写工程图样中的汉字，通常选择"T 仿宋"或"T 仿宋-GB2312"这两种字体，注写字母与数字时选择"isocp.shx"这种字体。

接上一步的操作，在"文字样式"的对话框中，打开"字体名"窗口，选择"T 仿宋-GB2312"，设置宽度因子为"0.7"（表示字宽是字高的0.7倍）。单击"应用"后，"汉字"样式设置完成。

选择"样式"列表框中已定义的文字样式，单击右键可以对其进行"重命名"、"置为当前"或"删除"操作，与对话框中按钮功能相同。但要注意，不能删除置为当前的文字样式或已使用的文字样式。

5.1.4　文字注写命令的启动

标注文字时需要使用合适的文字样式，将需要的文字样式"置为当前"才能使用。切换当前文字样式，除了可以在"文字样式"对话框中操作外，还可以在展开的"注释"面板中进行，如图5-7所示。

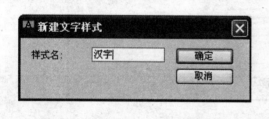

图5-6　"新建文字样式"对话框　　　　　图5-7　切换当前文字样式

标注文字命令的启动可以使用"注释"面板内的命令按钮 **A**；或选择"绘图"下拉菜单中的"文字"选项；还可以单击"文字"工具栏中的命令按钮 **AI**，或在键盘输入命令名。

5.1.5　标注单行文字

1. 命令功能

单行文字（TEXT）命令用来创建每行可单独进行编辑的一行或多行文字对象。

2. 操作方法

单击"单行文字"命令按钮 **AI**，AutoCAD 提示：

当前文字样式：汉字　当前文字高度：2.5000　注释性：否

指定文字的起点或 ［对正 (J) 样式 (S)］：(确定文字行的起点位置)

指定高度：10✓ (输入文字的高度值或直接按 Enter 键接受默认值)

指定文字的旋转角度 <0>：(输入文字行的旋转角度
或直接按 Enter 键接受默认值)

AutoCAD 在绘图区显示出表示文字位置的方框，用
户可以选择相应的输入法，输入要标注的文字后，按两次
Enter 键，即可完成文字的标注，如图 5-8 所示。

计算机绘图CAD

图 5-8　标注单行文字示例

5.1.6　标注多行文字

1. 命令功能

多行文字（MText）命令用来创建字数较多、字体变化较为复杂、甚至字号不一的多行
文字对象。但多行文字的每行不再是单独的对象，也不可独立编辑。

2. 操作方法

单击"多行文字"命令按钮 **A**，AutoCAD 提示：

指定第一角点：(在绘图区合适的位置处单击以确定第一角点)

指定对角点或 ［高度 (H) 对正 (J) 行距 (L) 旋转 (R) 样式 (S) 宽度 (W) 栏 (C)］：

3. 选项说明

（1）指定对角点：拖动定点设备指定对角点时，屏幕显示一个矩形以显示多行文字对象
的位置和尺寸。矩形内的箭头指示段落文字的走向。

（2）高度：设定新文字的字符高度。多行文字对象可以包含不同高度的字符。

（3）对正：根据文字边界，确定新文字或选定文字的文字对齐和文字走向。文字根据其
左右边界居中对正、左对正或右对正；文字走向根据其上下边界控制文字是与段落中央、段
落顶部还是与段落底部对齐。

（4）行距：通过输入行距比例或行距值设定多行文字对象的行距。

（5）旋转：指定文字边界的旋转角度。

（6）样式：向多行文字对象应用文字样式。

（7）宽度：定义文字边界的宽度。

（8）栏：指定栏和栏间距的宽度、高度和栏数。可以通过夹点编辑来编辑栏宽度和高
度。根据所选的栏模式，有两种不同的创建和操作栏的方法——静态模式或动态模式。

指定对角点的位置后，弹出图 5-9 所示的文字编辑器。用户可以在编辑器的文本框中输
入文字内容，还可以使用工具栏设置样式、字体、颜色、字高、对齐等格式。完成文字输入
后，单击"关闭文字编辑器"按钮，退出该窗口。输入的文字如图 5-9 所示。

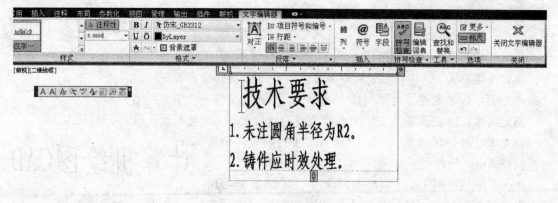

图 5-9　标注多行文字示例

5.1.7　标注特殊字符

在实际绘图中，往往需要标注一些特殊字符，如直径符号"ϕ"、角度单位符号"°"、正负号"±"等。这些特殊字符如用键盘输入，需要通过文字控制符来实现注写。AutoCAD的文字控制符由两个百分号和一个英文字符构成，如"％％c"对应直径符号"ϕ"、"％％d"对应角度单位符号"°"、"％％p"对应正负号"±"。

在标注多行文字时，可以使用鼠标右键弹出的快捷菜单来输入特殊字符。其方法为：在文字编辑器的文本框中右击鼠标，在弹出的快捷菜单中选择"符号"选项，在其子菜单中选择所需字符，如图5-10所示；还可以在文字编辑器的"插入"面板中单击"符号"选项，在其子菜单中选择所需字符，如图5-11所示。

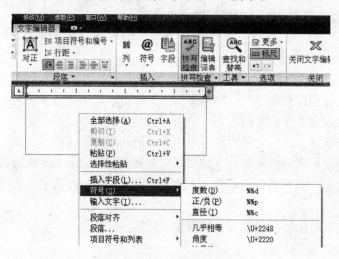

图 5-10　文本框的快捷菜单

图 5-11　"符号"下拉菜单

5.2　文字的编辑与修改

编辑文字最快捷的方式是双击文字对象，当然也可以单击"文字"工具栏中的编辑文字按钮，或选择"修改"下拉菜单 |"对象" |"文字"子菜单中的"编辑"命令，如图5-12所示，再选择文字对象进行编辑。

标注文字时使用的标注方法不同，执行文字编辑命令时，选择文字后 AutoCAD 给出的响应也不相同。如果待修改的文字是用单行文字命令标注的，选择文字对象后，AutoCAD 会在该文字四周显示出一个方框，此时用户只能修改相应的文字内容。

如果选择的文字是用多行文字命令标注的，AutoCAD 则会弹出文字编辑器，并在该对话框中显示出所选择的文字，供用户编辑、修改文字的内容、高度、字体、对正方式等。

将图 5-9 中的技术要求修改后，结果如图 5-13 所示。

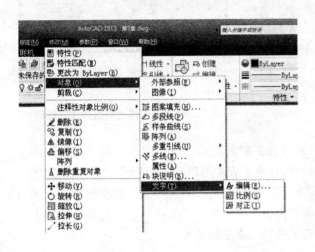

图 5-12 "修改"下拉菜单

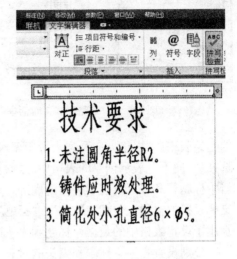

图 5-13 修改后的技术要求

5.3 表格的创建与编辑

5.3.1 定义表格样式

使用 AutoCAD 的表格功能，能自动地创建和编辑表格，其操作方法与 Word、Excel 类似。在创建表格前，先要定义表格的样式，包括表格内文字的字体、颜色、高度以及表格的行高、行距等。

定义表格样式命令的启动可以使用"注释"面板内的表格样式命令按钮 (图 5-1)；或选择"格式"下拉菜单中的"表格样式"选项（图 5-2）；还可以单击"样式"工具栏中的命令按钮 (图 5-4)。

调用该命令后，将弹出图 5-14 所示的"表格样式"对话框。其中，"样式"列表框中列出了符合列出选择项要求的表格样式；"预览"图片框中显示出所选表格的预览图像；"置为当前"和"删除"按钮分别用于将在"样式"列表框中选中的表格样式置为当前样式或删除选中的表格样式；"新建"、"修改"按钮分别用于新建表格样式、修改已有的表格样式。

单击"新建"按钮，弹出"创建新的表格样式"对话框，如图 5-15 所示。

在"新样式名"文本框中输入新样式的名称（如"表格 1"），单击对话框中的"基础样式"展开下拉列表，选择基础样式后，单击"继续"按钮，弹出"新建表格样式"对话框，如图 5-16 所示。对话框中"选择起始表格"选项用于指定一个已有表格作为新建表格样式

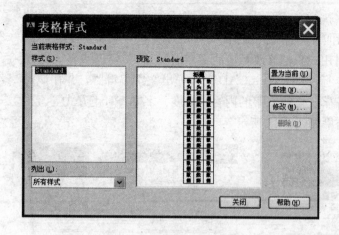

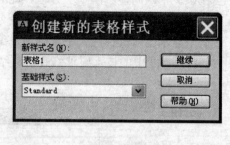

图 5-14　"表格样式"对话框　　　　　　　　图 5-15　"创建新的表格样式"对话框

的起始表格。"表格方向"列表框用于确定插入表格时的方向，有"向下"和"向上"两个选择，"向下"表示创建的表格中标题行和表头行位于表格的顶部，"向上"则表示创建的表格中标题行和表头行位于表格的底部。对话框的右侧区域的"单元样式"选项组等，用来确定要设置的对象，包括"数据"、"标题"和"表头"。"常规"、"文字"和"边框"选项卡分别用于设置表格中的数据、标题和表头的基本内容、文字和边框。

　　分别设置数据、标题和表头的对齐方式和文字样式后，单击"确定"按钮关闭对话框，退回到"表格样式"对话框，表格样式中多了新样式"表格 1"，如图 5-17 所示。在该对话框中，单击"关闭"按钮，完成新样式的定义。

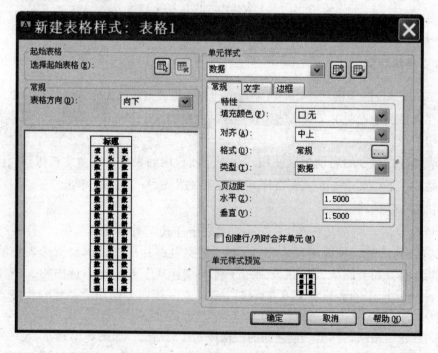

图 5-16　"新建表格样式"对话框

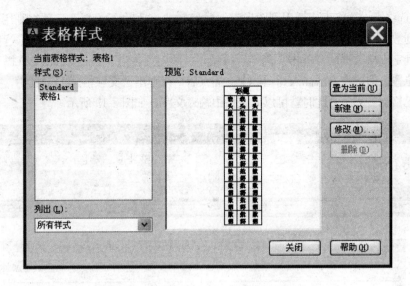

图 5-17　添加了新样式的"表格样式"对话框

5.3.2　创建表格

在创建表格前，应将需要使用的表格样式"置为当前"。可以在"表格样式"对话框中选择，也可以在"样式"工具栏或"注释"面板的"表格控制"下拉列表框中选择所需的表格样式。

单击"绘图"工具栏或"注释"面板中的表格按钮▦或选择"绘图"下拉菜单中的"表格"选项，弹出"插入表格"对话框，如图 5-18 所示。

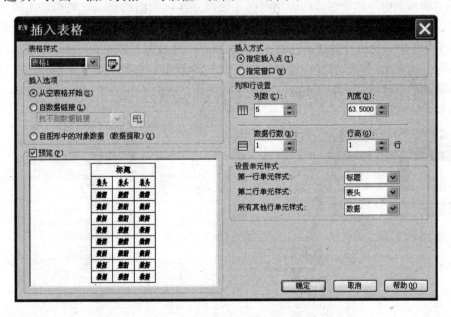

图 5-18　"插入表格"对话框

此对话框用于选择表格样式，设置表格的有关参数。其中，"表格样式"选项用于选择所使用的表格样式。"插入选项"选项组用于确定如何为表格填写数据。预览框用于预览表格的样式。

"插入方式"选项组设置将表格插入到图形时的插入方式。"列和行设置"选项组则用于设置表格中的行数、列数以及行高和列宽。"设置单元样式"选项组分别设置第一行、第二行和其他行的单元样式。确定表格数据后，单击"确定"按钮，关闭对话框后，根据 AutoCAD 提示在绘图区确定表格的位置，即可将表格插入到图形中。插入后，将弹出"文字格式"工具栏，并将表格中的第一个单元格醒目显示，此时就可以向表格中输入文字，如图 5-19 所示。

图 5-19　填写表格文字

5.3.3　编辑表格

使用"插入表格"命令创建的表格有时不能满足实际绘图的要求，尤其是比较复杂的表格，这时就需要对表格或单元格进行修改、编辑。方法如下：选择整个表格，在其鼠标右键弹出的快捷菜单中对表格进行剪切、复制、删除、移动、缩放和旋转等简单操作，也可以均匀调整表格的行、列大小，删除所有特性替代，如图 5-20 所示；选择某个单元格，在其鼠标右键弹出的快捷菜单中可以编辑该单元格，如图 5-21 所示。双击某单元格，可以修改其中内容。

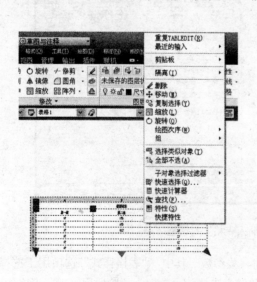

图 5-20　选中表格时的快捷菜单

图 5-21　选中单元格时的快捷菜单

利用"特性管理器"同样可以编辑表格的属性，这里不再赘述。

5.4 图案填充

1. 命令功能

图案填充（HATch）命令可以实现用一种预先选择或设定好的图案或渐变色对某一区域进行填充的功能。

2. 操作方法

（1）单击"常用"选项卡中"绘图"面板内的"图案填充"按钮；或选择"绘图"下拉菜单中的"图案填充"选项；或单击"绘图"工具栏中的"图案填充"按钮；或键盘输入命令"HAT"后按 Enter 键，均可启动图案填充命令。

命令启动后，如果功能区处于活动状态，将显示"图案填充创建"上下文选项卡，如图5-22 所示。如果在命令提示下输入"HAT"，将显示选项。

图 5-22　"图案填充创建"上下文选项卡

（2）在"图案填充创建"上下文选项卡中的"特性"面板上，从"图案填充类型"下拉列表中选择一个选项，如图 5-23 选择了"图案"选项。

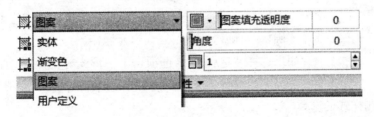

图 5-23　"图案填充类型"选择

（3）在"图案填充创建"上下文选项卡中的"图案"面板上，选择一种填充图案，如图5-24 所示。单击图中右侧大展开按钮，可显示更多填充图案选择项。

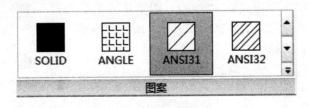

图 5-24　"图案"选择

（4）在每个将进行图案填充的区域内指定一个点，也可以在"边界"面板上单击"选择"来选定填充的对象。

（5）在功能区中，根据需要进行任何调整：在"特性"面板中，可以更改图案填充类型和颜色，或者修改图案填充的透明度级别、角度或比例。在"选项"面板中，可以更改图案填充的绘图次序，使其显示在图案填充边界之后或之前，或者显示在其他所有对象之后或之前。

（6）按 Enter 键应用图案填充并退出命令。

3. 选项说明

1）"图案"的选择

在"图案填充类型"列表中有实体、图案、渐变色及用户定义选项。

（1）"实体"选项对应"图案"面板中的"SOLID"，其颜色可选。

（2）"图案"选项可以选用 AutoCAD 所提供的图案，例如工程图样中可选择代号为"ANSI31"的图案来填充断面，表示被切零件是金属材质，此种图案也可被用作通用剖面线。此外还可以根据实际需要设置图案的角度和比例："角度"选项的默认值是 0°，实际表示剖面线与水平线间夹角为 45°，因此，若填充与水平线成 135°夹角的剖面线，角度选项需选择 90°；"比例"确定的是图案中图线间距的大小，默认值是 1，对于"ANSI31"来讲，其平行线之间的距离为 3mm。用户可根据需要（如图形大小），选择或设定新的比例值。

（3）"渐变色"选项可以选用 AutoCAD 所提供的图案，还可同时选择颜色、透明度，并可指定渐变色的角度及其明暗百分比等。

图 5-25　"边界"面板

2）"边界"的选择

在"边界"面板上，设置了边界的选择模式，如图 5-25 所示。

如果选择"拾取点" 选项，光标呈十字形，需鼠标左键单击确定填充区域，可连续选择，最后按 Enter 键（或在右键快捷菜单选择"确认"）确认选择，完成填充操作。

如果选择"选择" 选项，十字形光标为矩形选择框，单击左键，选择图形对象完成后，按 Enter 键确认选择，完成填充操作。

3）孤岛检测样式的选择

在"选项"面板上，单击面板标题按钮 选项 ▼，在外部孤岛检测的下拉列表中选择孤岛检测样式，如图 5-26 所示。

所谓孤岛是指图案填充边界中的封闭区域。检测孤岛有普通、外部、忽略三种样式。

选用"普通孤岛检测"样式时（默认），图案填充将从外部边界向内进行。如果填充过程中遇到内部边界，填充将停止，直到遇到另一个边界为止，如图 5-27（a）所示。

选用"外部孤岛检测"样式时，图案填充也是从外部边界向内填充并在下一个边界处停止。

选用"忽略孤岛检测"样式时，图案填充将忽略内部边界，填充整个闭合区域。

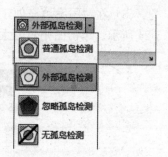

图 5-26　孤岛检测样式的选择

三种样式的填充效果如图 5-27 所示（利用"拾取点"选项时，拾取四边形与五边形之间的任意点）。

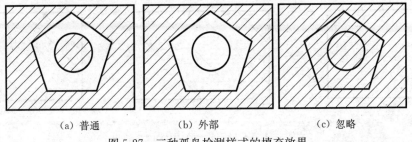

（a）普通　　　　　　　　（b）外部　　　　　　　　（c）忽略

图 5-27　三种孤岛检测样式的填充效果

4. 常见问题

（1）选择边界时，拾取点的位置不同，填充结果会有所不同。如图 5-28 所示，孤岛检测均为"普通"样式，点选位置分别为四边形与五边形之间、五边形与圆形之间和圆形内。

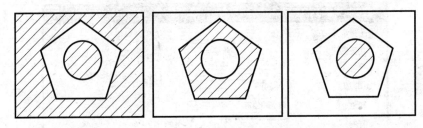

图 5-28　不同点选位置的填充结果

（2）轮廓内有文本、块等对象时，默认文本、块的轮廓为填充边界，填充图案自动断开，在对象的周围留有适当的空白区，使对象能够清晰地显示出来，如图 5-29（a）所示。如果选择"忽略孤岛检测"选项，填充图案遇到文本、块等对象时将不会被中断，如图5-29（b)所示。

（a）普通孤岛检测　　　　　　　　　　　　　　（b）忽略孤岛检测

图 5-29　文本轮廓为边界

（3）选择"拾取点"填充时，轮廓区域必须首尾相接形成封闭图形。如不封闭，拾取点后，将弹出图 5-30 所示的警示对话框，无法继续进行图案填充。

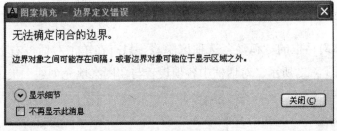

图 5-30　边界无效警示框

此时，可以尝试利用"选择"方式确定边界，所选对象可以不是首尾相接形成的封闭图形，但不确定获得正确的填充效果，因为填充效果与图案比例和开口大小有关，如图 5-31 所示。

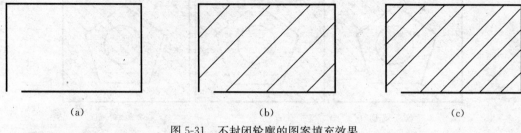

（a） （b） （c）

图 5-31 不封闭轮廓的图案填充效果

（4）在"图案填充创建"上下文选项卡中的"选项"面板上，单击面板标题 **选项 ▼** ┃右下角按钮 ┘；或功能区处于关闭状态时，启动图案填充命令后，将弹出"图案填充和渐变色"对话框，如图 5-32 所示。

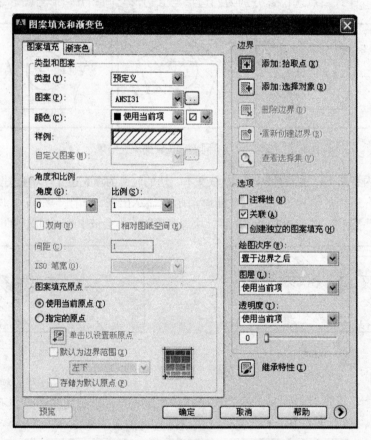

图 5-32 "图案填充和渐变色"对话框

默认情况下，对话框的"孤岛"选项区隐藏，只有在单击对话框右下角处的展开按钮 ⊙ 后才显示，如图 5-33 所示。对话框中各项设置与"图案填充创建"上下文选项卡中各项均有对应，此处不再赘述。

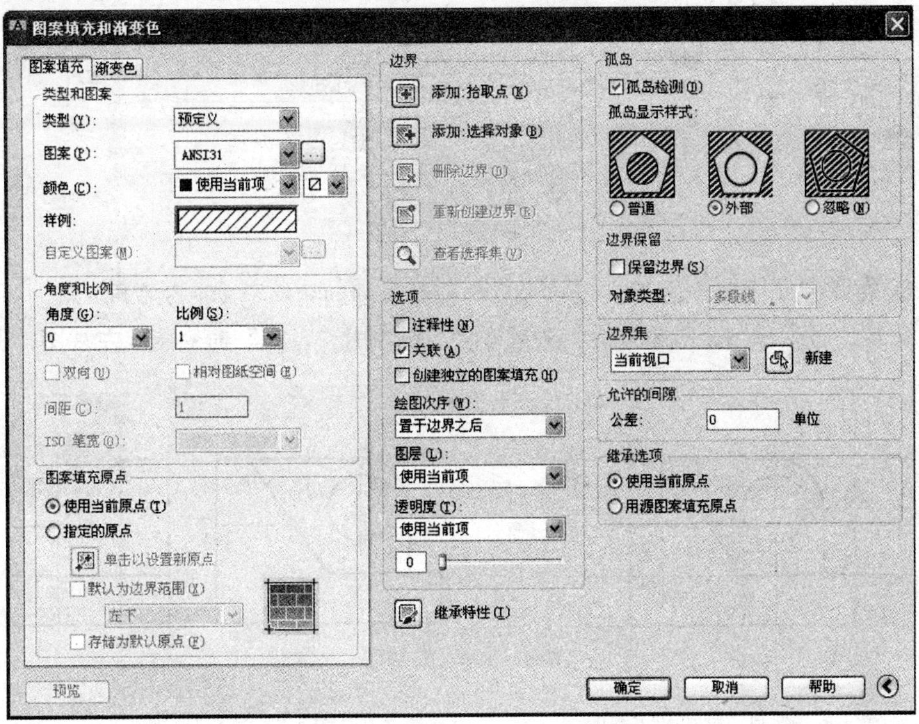

图 5-33　"图案填充和渐变色"对话框的展开模式

5.5　三视图的绘制

视图主要用来表达机件的外部结构。三视图是机件最基本的表达方式，绘制物体的三视图时必须要满足三视图的投影规律：主、俯视图长对正；主、左视图高平齐；俯、左视图宽相等。实际应用中综合利用构造线、极轴、追踪、对象捕捉等命令可以使作图过程更为简单、方便。

以图 5-34 所示组合体为例，简述物体三视图的绘制方法及作图步骤。

（1）设置图层，如图 5-35 所示。

在"0"层用"构造线"及"偏移"命令画辅助线；在"图层1"用"直线"、"圆"等命令画出主视图，如图 5-36 所示。

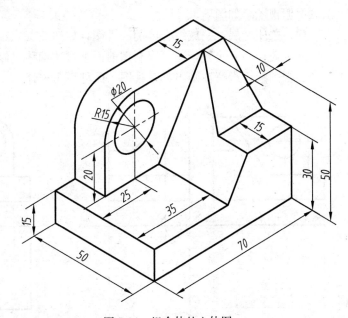

图 5-34　组合体的立体图

名称	开	在..	锁	颜色	线型	线宽		打印样式	打..
0				■白色	Continuous	—— 默认		Color_7	
图层1				□黄色	Continuous	—— 0.50 毫米		Color_2	
图层2				■红色	CENTER	—— 默认		Color_1	
图层3				■绿色	DASHED	—— 默认		Color_3	
图层4				□青色	Continuous	—— 默认		Color_4	

图 5-35　图层设置

（2）在"0"层用"构造线"及"偏移"命令画辅助线确定左视图宽度；将当前层设置为"图层1"。打开极轴、对象捕捉、对象追踪按钮，用"直线"命令画出左视图，保证主、左视图高平齐，如图 5-37 所示。

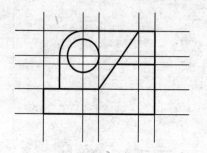 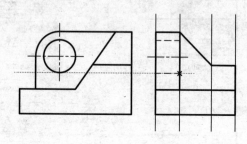

图 5-36　绘制辅助线和主视图　　　　图 5-37　绘制左视图

（3）根据主、左视图画俯视图。

在"0"层用"构造线"画出 45°辅助线，确保左、俯视图宽度相等。将当前层设置为"图层1"。打开极轴、对象捕捉、对象追踪按钮，用"直线"命令按形体分析法和线面分析法画出俯视图，如图 5-38 所示。

（4）关闭 0 层，完成组合体的三视图，如图 5-38（d）所示。

除上述作图方法外，还可以利用前面学过的偏移、修剪、打断、延伸等编辑命令根据组合体三视图的投影特性画出其三视图，此处不再赘述。

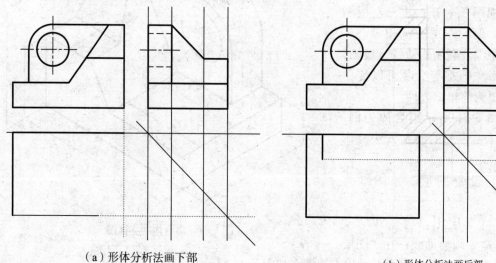

（a）形体分析法画下部　　　　　　　　　　（b）形体分析法画后部

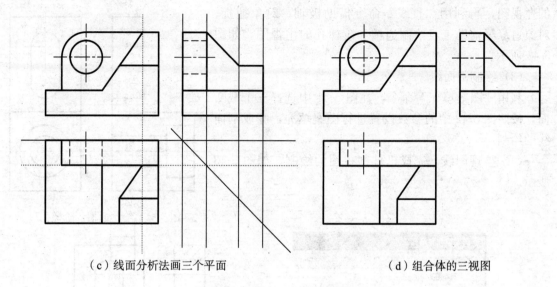

（c）线面分析法画三个平面　　　　　　　　　（d）组合体的三视图

图 5-38　根据主、左视图画俯视图

5.6　剖视图的绘制

如果机件的内部结构比较复杂，用视图表达会出现较多的虚线，既不利于读图，又不便于标注尺寸。为此，表达机件不可见的内部结构常采用剖视图。

以图 5-39 为例，简述机件剖视图的绘制方法及作图步骤。

（1）绘制主、左视图的外轮廓线。

打开正交模式，打开极轴、对象捕捉、对象追踪按钮，利用"直线"命令，按照尺寸绘制主、左视图的外轮廓，如图 5-40 所示。

（2）绘制通槽、阶梯孔。

利用"偏移"、"修剪"、"特性匹配"、"圆"、"直线"等命令按照尺寸绘制通槽和阶梯孔

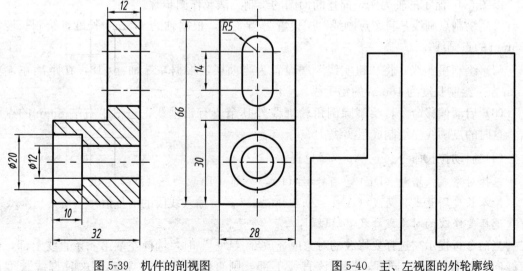

图 5-39　机件的剖视图　　　　　　　　　图 5-40　主、左视图的外轮廓线

的左视图，再利用"直线"命令借助极轴、对象捕捉、对象追踪等辅助工具绘制通槽和阶梯孔的主视图，如图5-41所示。

（3）绘制剖面线。

利用"图案填充"命令，在图5-41中选择三个截断面，按照图5-42中的参数设置进行图案填充，完成剖面线的绘制。

（4）整理图线，完成机件剖视图的绘制，如图5-43所示。

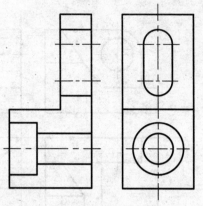

图5-41　绘制通槽、阶梯孔

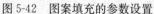

图5-42　图案填充的参数设置

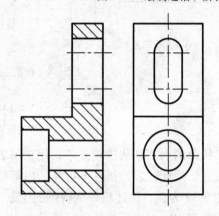

图5-43　机件的剖视图（未注尺寸）

5.7　断面图的绘制

断面图主要用来表达机件上某一部分的断面形状。

以图5-44所示的轴为例，简述断面图的绘制方法及作图步骤。

（1）绘制点画线：将"点画线"层设置为当前层，根据轴的178mm长度，绘制长度为185mm的点画线。

（2）绘制粗实线：将"粗实线"层设置为当前层，根据左端轴径ϕ18，在距离左端点3mm左右绘制长度为18mm的铅垂线。

（3）启动偏移命令，绘制除倒角轮廓线外其余所有铅垂线，包括距右端8mm的点画线，这时的点画线先绘制成粗实线。

（4）启动拉长命令 ，AutoCAD提示：

选择对象或［增量（DE）/百分数（P）/全部（T）/动态（DY）］：de✓

输入长度增量或［角度（A）］＜0.0000＞：3✓（输入线段的增量值）

选择要修改的对象或［放弃（U）］：

当命令行提示"选择要修改的对象或［放弃（U）］"时，选择左端第三条直线上部，则直线向上延长3mm，同理，选择该直线下部，则直线向下延长3mm，这时直线长度由18mm变成24mm，满足直径ϕ24的要求。同理对于其他直线，也用拉长命令延长到图5-44

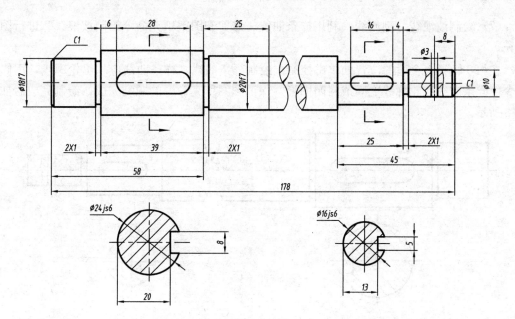

图 5-44　轴

中的尺寸要求（当输入的增量值是负数时，直线变短），如图 5-45 所示。

图 5-45　绘制轴的铅垂轮廓线

（5）利用直线命令、对象捕捉命令绘制轴的水平轮廓线，如图 5-46 所示。

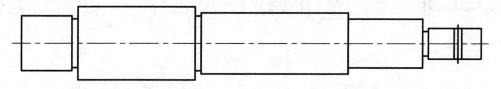

图 5-46　绘制轴的水平轮廓线

（6）利用直线和圆、修剪命令，在"粗实线"层绘制键槽和断面图，如图 5-47 所示。

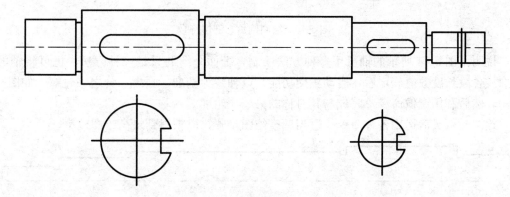

图 5-47　绘制键槽和断面图

（7）绘制波浪线、剖面线：利用样条曲线、修剪和图案填充命令绘制波浪线和进行图案填充。

在$\phi20$轴径上合适的位置处单击控制点绘制样条曲线，样条曲线应超出轮廓线，用修剪命令使样条曲线和轮廓线之间成封闭图形，保证图案填充命令的顺利完成，绘制完成后如图5-48所示。

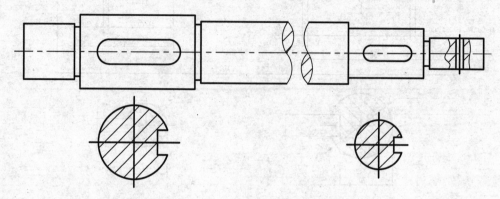

图5-48　绘制波浪线、剖面线

（8）使用修改命令和绘图命令完善图形：利用倒角命令对轴的左右两端按尺寸进行倒角；打开粗实线层，用直线命令绘制倒角轮廓线；利用多段线命令绘制剖切符号；利用特性匹配将点画线的特性复制到$\phi3$孔的轴线以及断面图中圆的中心线，如图5-49所示。

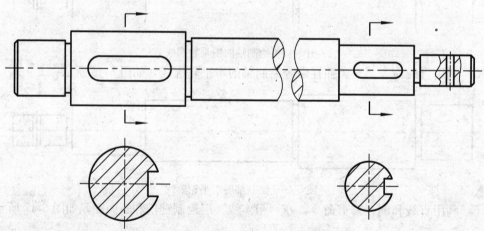

图5-49　绘制倒角、剖切符号

说明：图5-44所示的轴可用多种方法绘制，上面介绍的只是一种方法。也可将轴的外轮廓线各段长度数值确定后，启动正交功能，以轴线为基准，画出二分之一轮廓，如图5-50所示，然后利用镜像命令，完成与其对称的另一半轮廓。

绘图时可灵活运用各种命令，适当调整绘图步骤，以求得到最高绘图效率。

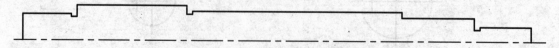

图5-50　正交模式绘制轴的外轮廓

5.8 综合演示

(1) 绘制图 5-51 所示的简易标题栏。

轴承座			比例	材料	图号	(备注)
			1:1	HT150	10.02	
制图		(日期)	(学校 班级 学号)			
审核		(日期)				

32
140

图 5-51 简易标题栏

操作步骤如下：

①新建文字样式"仿宋"：字体名为"T 仿宋-GB2312"，设置宽度因子为"0.7"。

②新建表格样式"简易标题栏"：标题、表头、数据的对齐方式均为"正中"，文字样式均为"仿宋"，文字高度均为"3.5"。

③创建表格："插入表格"对话框的各选项设置如图 5-52 所示。完成设置后，单击"确定"关闭对话框，退回到绘图区，在适当的位置处拾取一点以确定表格的左上角点，接着输入"@140，−32"以确定表格的右下角点，再关闭"文字编辑器"，创建的空白表格如图 5-53 所示。

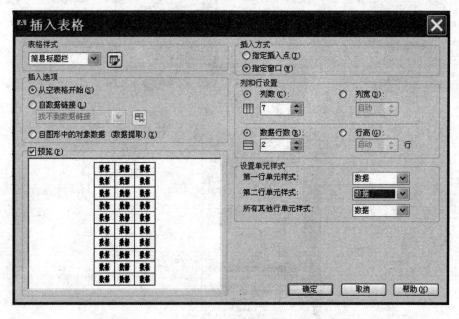

图 5-52 "插入表格"对话框中各选项的设置

图 5-53 原始表格

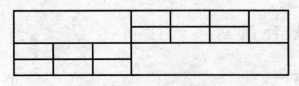

图 5-54　合并后的表格

④编辑表格：将上一步创建的 4 行 7 列均布表格中的某些单元格合并，方法如下：按住鼠标左键拖动鼠标，选中要合并的单元格后，在其右键弹出的快捷菜单中选择"合并"选项即可，结果如图 5-54 所示。

⑤填写表格内容：鼠标左键双击任意单元格进入文字输入状态，依次输入文字（用键盘上的方向键可方便换格），关闭编辑器。然后利用"修改"下拉菜单中"分解"命令分解表格，修改图线粗细，完成简易标题栏的绘制。

（2）利用对象"特性"选项板及"特性匹配"命令修改文字对象特性。

本章 5.2 节中介绍了双击文字，利用文本编辑对话编辑单行文本、利用文本编辑器编辑多行文本的方法。如果是单行文本，只能修改文字的内容；如果是多行文本可以修改文字的内容、高度、字体、对正方式等。而要查看、修改文字的更多对象特性可利用在 4.3 节中介绍的对象"特性"及"特性匹配"命令。

利用对象"特性"选项板修改文字特性的操作步骤如下：

（1）选择已创建完成的文字"技术要求"对象，如图 5-55（a）所示。

（a）修改前汉字的"左上"位置

（b）修改后汉字的"正中"位置

（c）错误的汉字文字样式

图 5-55　汉字的特性修改

（2）鼠标左键单击"功能区"｜"常用"选项卡｜"特性"面板｜展开按钮 ；或单击"功能区"｜"视图"选项卡｜"选项板"面板｜"特性"按钮，汉字"技术要求"

特性如图 5-55（a）所示。

（3）将"特性"选项板中"对正"项目栏的"左上"选择为"正中"，修改后"技术要求"四个字的位置由左上移到正中的位置，如图 5-55（b）所示。

（4）若文字样式"仿宋体"（对应字体：仿宋 GB2312）错误地选为了"数字 10 度"（对应字体：isocp. shx），汉字"技术要求"则表现为"????"，见图 5-55（c），这是由于字体不匹配的错误造成的；此时"特性"选项板中文字"样式"一栏中显示为"数字 10 度"，若重新选为"仿宋体"，则汉字由"????"又显示为"技术要求"，如图 5-55（b）所示。

利用"特性匹配"命令修改文字特性的步骤：

（1）单击"功能区"｜"常用"功能选项卡｜"剪贴板"功能面板上的特性刷（Match property）图标；选择下拉菜单"修改"｜特性匹配；单击"标准"工具条中的特性刷图标；或输入命令：MATCHPROP，均可以启动"特性匹配"功能。

（2）选择源对象，其特性将复制给目标对象；

（3）选择目标对象。

试用此命令修改图 5-55 中文字"技术要求"的特性。

5.9　上机实践

5-1　填写图 5-56 所示的标准标题栏：字体高度分别为：3.5、5、10。

								吉 林 大 学
								机械学院 411235班
标记	处数	分区	更改文件号	(签名)	(年月日)			机件的剖视图
设计	张强	20130305	标准化	(签名)	(年月日)	阶段标记	重量	比例
审核								02.00
								1:1
工艺			批准			共　张　第　张		

图 5-56　填写标题栏的内容

5-2　由图 5-57 所示立体图，按 1∶1 比例画出该组合体的三视图。

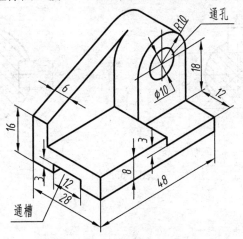

图 5-57　组合体的立体图

5-3 根据图 5-58 所示组合体的两个视图，补画第三个视图。

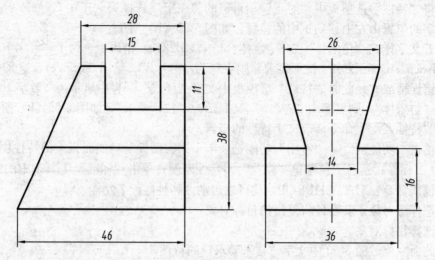

图 5-58　已知组合体的主、左视图，补画俯视图

5-4 按尺寸完成图 5-59 所示图形。

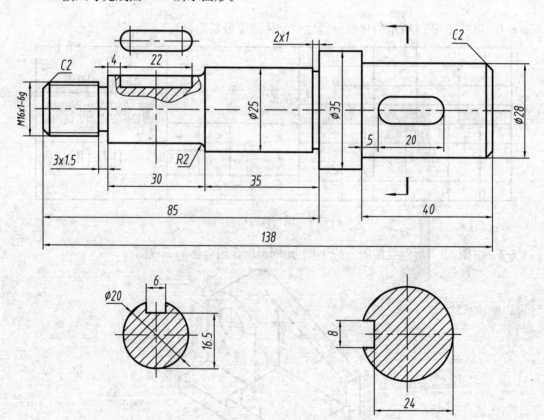

图 5-59　轴

第6章 尺寸标注

本章学习要点提示

1. 尺寸标注是工程图样中的一项重要内容，图形中各对象的真实大小和相互位置只有标注了尺寸后才能确定；AutoCAD 中包含了一套完整的尺寸标注命令和实用程序，可以很方便、快捷地完成图形中要求的尺寸标注工作；本章主要介绍尺寸标注样式的设置、各种样式尺寸的标注及尺寸标注的编辑和修改。

2. 尺寸标注样式的设置包括尺寸线、尺寸界线、尺寸数字的设定。各种尺寸的标注包括线性尺寸标注、圆弧半径或直径的标注、角度标注、坐标标注、引线标注、公差标注等。尺寸标注的编辑和修改包括尺寸标注位置的修改、尺寸标注内容的修改。尺寸标注命令主要集中在"功能区"选项板上"注释"选项卡中"标注"面板内。

6.1 尺寸标注样式的设置

国家标准对工程图样中各种尺寸的标注样式作了详细的规定。因此利用 AutoCAD 软件进行尺寸标注前，首先应利用其"标注样式管理器"对话框（图 6-1）设置出符合国家制图标准的尺寸标注样式，然后再利用相应的尺寸标注命令，对各种不同类型的尺寸进行标注。

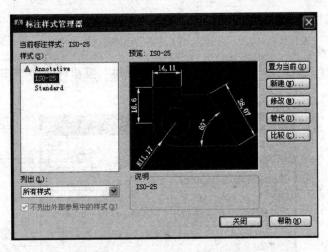

图 6-1　"标注样式管理器"对话框

6.1.1 "标注样式管理器"的打开

1. "标注样式管理器"的打开方式

（1）在"功能区"选项板上的"注释"选项卡中，单击"标注"一栏右侧的"标注样式"按钮，如图 6-2 所示。

（2）在"格式"下拉菜单中选择"标注样式"，如图 6-3 所示；在"标注"下拉菜单中选择"标注样式",如图 6-4 所示。

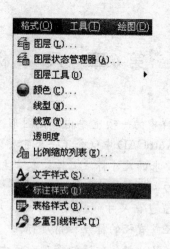

图 6-2 "标注"功能面板　　　图 6-3 "格式"下拉菜单　　图 6-4 "标注"下拉菜单

（3）如果使用的是"AutoCAD 经典"界面，在"标注"工具条中选择图标 ▰ 。

"标注样式管理器"对话框左侧显示的是已有的标注样式，其默认的标注样式是ISO-25；中间部分显示的是在所选的标注样式下的标注预览；右侧是用来对标注样式进行进一步设定的按钮，其中"置为当前"可将指定的标注样式设为当前样式，"新建"用于创建新的标注样式，"修改"可对已有的标注样式进行修改，"替代"用于设置当前样式的替代样式，"比较"用于对两个标注样式进行比较或了解某一样式的全部特性。

2. 利用"标注样式管理器"创建新标注样式

操作步骤如下：

（1）在"标注样式管理器"的对话框中单击"新建"按钮，弹出图 6-5 所示的"创建新标注样式"对话框。

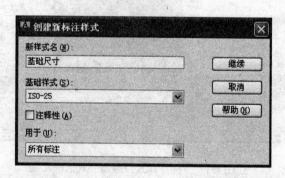

图 6-5 "创建新标注样式"对话框

（2）在"创建新标注样式"对话框中的"新样式名"文本框中输入新的样式名，如"基础尺寸"。

（3）单击"继续"按钮后会弹出图 6-6 所示的"新建标注样式"对话框，可对新建的标注样式进行进一步设定。

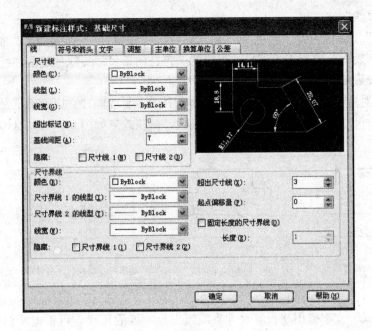

图 6-6 "新建标注样式"对话框

在"创建标注新样式"对话框中，通过"基础样式"下拉列表框可确定新建标注样式的基础样式，通过"用于"下拉列表框可确定新建标注样式的适用范围。

6.1.2 "新建标注样式"对话框的设置

"新建标注样式"对话框共有七个选项卡，下面分别介绍这些选项卡的作用和设置方法。

1. "线"选项卡

"线"选项卡用于设置尺寸线和尺寸界线的格式与属性。

1）"尺寸线"选项组

"尺寸线"选项组中，"颜色"、"线型"和"线宽"三个下拉列表框分别用于设置尺寸线的颜色、线型和线宽；"超出标记"文本框用于设定当尺寸箭头采用斜线、建筑标记、小点或无标记时，尺寸线超出尺寸界限的长度。以上选项通常保持默认设置不变。

"基线间距"文本框用于设置当采用"基线标注"方式标注尺寸时，相邻两尺寸线之间的距离，此距离应根据所采用的尺寸数字的字高来确定，建议设为"7"，如图 6-7 (a) 所示。

"隐藏"项对应着"尺寸线 1"和"尺寸线 2"复选框，它可以用于确定是否在标注尺寸时隐藏相对应的尺寸线和箭头，选中复选框表示隐藏，标注效果如图 6-7 (b)、(c) 所示。

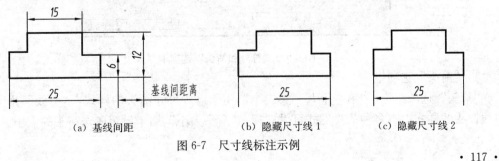

(a) 基线间距   (b) 隐藏尺寸线 1   (c) 隐藏尺寸线 2

图 6-7 尺寸线标注示例

2）"尺寸界线"选项组

"尺寸界线"选项组中，"颜色"、"尺寸界线1的线型"、"尺寸界线2的线型"和"线宽"四个下拉列表框分别用于设置尺寸界线的颜色、两条尺寸界线的线型和线宽。以上选项通常保持默认设置不变。

"隐藏"项对应着"尺寸界线1"和"尺寸界线2"复选框，它用于确定是否在标注尺寸时隐藏相对应的尺寸界线，选中复选框表示隐藏，标注效果如图6-8（a）、（b）所示。

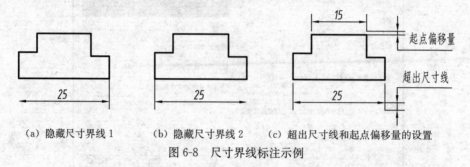

（a）隐藏尺寸界线1　　（b）隐藏尺寸界线2　　（c）超出尺寸线和起点偏移量的设置

图6-8　尺寸界线标注示例

"超出尺寸线"文本框用于设置尺寸界线超出尺寸线的距离，可根据所画图形的大小来确定，可设为"2～5"；"起点偏移量"文本框用于设置尺寸界线的起点相对于图形中标注点的偏移距离，机械图样中应设为"0"，标注说明如图6-8（c）所示。

2．"符号和箭头"选项卡

"符号和箭头"选项卡用于设置尺寸箭头、圆心标记、折断标注和弧长符号等，如图6-9所示。

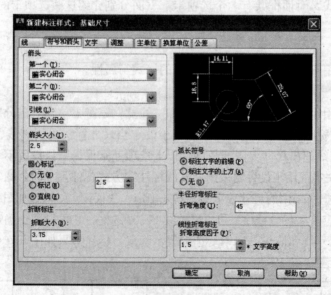

图6-9　"符号和箭头"选项卡

1）"箭头"选项组

"箭头"选项组中，"第一个"、"第二个"用于设置尺寸箭头的样式，"引线"用于设置引线箭头的样式，有多种箭头形式可供选择，"箭头大小"用于设定所选箭头的大小。

2）"圆心标记"选项组

"圆心标记"用于设置圆心标记的类型和大小，可以选择"无"、"标记"和"直线"，标注效果如图 6-10 所示。当选择"标记"项时，可以通过文本框设置标记的大小。

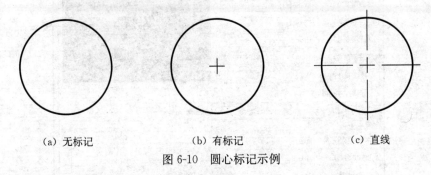

（a）无标记　　　　　　　（b）有标记　　　　　　　（c）直线

图 6-10　圆心标记示例

3）"折断标注"选项

AutoCAD 可以设定在尺寸线或尺寸界线与其他图线相交时在交点处打断尺寸线或尺寸界线，其中"折断大小"文本框用于设置折断处的间隙距离，如图 6-11 所示，图中 h 表示折断大小。

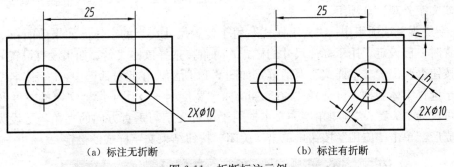

（a）标注无折断　　　　　　　（b）标注有折断

图 6-11　折断标注示例

4）"弧长符号"选项组

"弧长符号"用于设置圆弧标注长度尺寸时，圆弧符号与尺寸数字的相对位置，有"标注文字的前缀"、"标注文字的上方"和"无"三个选项，标注效果如图 6-12 所示。

（a）标注文字的前缀　　　　（b）标注文字的上方　　　　（c）无

图 6-12　弧长标记示例

3. "文字"选项卡

"文字"选项卡用于设置尺寸文字外观、文字位置和文字对齐方式，如图 6-13 所示。

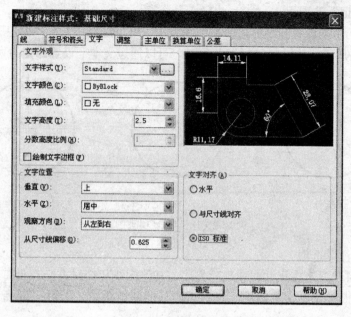

图 6-13　"文字"选项卡

1）"文字外观"选项组

"文字外观"选项组中，"文字样式"用于设置尺寸文字的字体。如果前面在"文字样式"设置时，已设定了用于标注尺寸的样式，可直接选择该样式名。如果没有设置，单击其右侧的按钮会弹出"文字样式"对话框，如图 6-14 所示。在此对话框中，"字体名"下拉列表框用于选择字体名称，可选择"isocp.shx"；"宽度因子"用于设置文字的宽度和高度的比率，可设为"0.7"；"倾斜角度"文本框用于设置文字与垂直方向的夹角，可设为"15"。设置完成后，单击"应用"按钮再单击"关闭"按钮结束文字样式的设定。

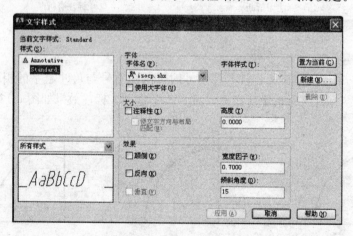

图 6-14　"文字样式"对话框

选项组中"文字颜色"和"填充颜色"分别用于设置尺寸文字的颜色和文字的背景色，可保持默认选项不变。"文字高度"用于设置尺寸文字的高度，可根据所画图纸的大小选择适当的数值。"绘制文字边框"选项可设置是否给文字加边框。

2）“文字位置”选项组

“文字位置”选项组用于设置尺寸文字与尺寸线的位置关系。其中“垂直”、“水平”用于设置尺寸文字相对于尺寸线在垂直、水平方向的放置形式；“观察方向”设置尺寸文字是从左向右书写还是从右向左书写。以上选项通常保持默认设置不变。

“从尺寸偏移”选项表示尺寸文字与尺寸线之间的距离，建议设为“1”。

3）“文字对齐”选项组

“文字对齐”选项组用于设置尺寸文字的对齐方式。“水平”表示尺寸文字总是沿水平方向放置。“与尺寸线对齐”表示尺寸文字总是与尺寸线平行放置。“ISO标准”表示当尺寸文字位于尺寸界线以内时，尺寸文字与尺寸线平行放置；当尺寸文字位于尺寸界线以外时，尺寸文字沿水平方向放置。三种选项标注示例如图 6-15 所示。

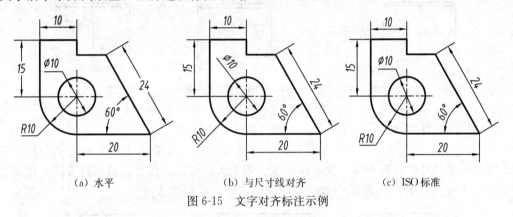

（a）水平 　　　　　　　　（b）与尺寸线对齐 　　　　　　　　（c）ISO 标准

图 6-15　文字对齐标注示例

4. “调整”选项卡

“调整”选项卡用于调整尺寸文字、尺寸线、尺寸箭头等的位置以及其他一些特征，如图 6-16 所示。

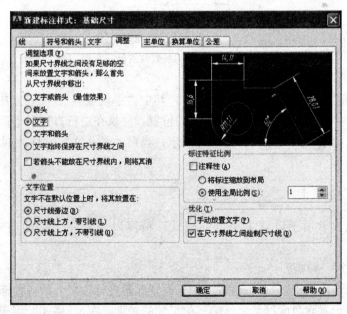

图 6-16　“调整”选项卡

1)"调整选项"选项组

"调整选项"选项组用于设置当尺寸界线之间没有足够的空间同时放置尺寸文字和尺寸箭头时,应首先从尺寸界线之间移出尺寸文字还是箭头。可根据不同的标注情况在六种选项中进行选择,建议选择"文字"。

2)"文字位置"选项组

"文字位置"选项组用于设置当尺寸文字不在默认位置时,应将尺寸文字放在何处。共有三个选项,其标注效果如图6-17所示。

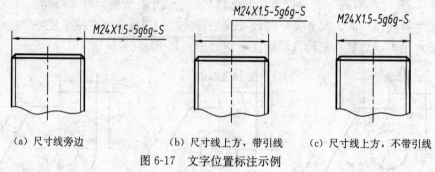

(a)尺寸线旁边　　　　(b)尺寸线上方,带引线　　(c)尺寸线上方,不带引线

图 6-17　文字位置标注示例

3)"标注特性比例"选项组

"标注特性比例"选项组用于缩放所标注尺寸的特性。其中"使用全局比例"选项可放大或缩小标注尺寸的各种特性,如字体高度、箭头大小等,但尺寸数值保持不变。比例系数大于1时为放大,图6-18所示为选用不同比例系数时的标注示例。

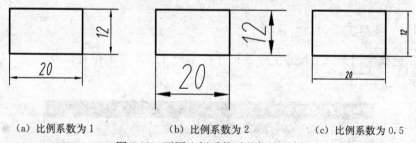

(a)比例系数为1　　　　(b)比例系数为2　　　　(c)比例系数为0.5

图 6-18　不同比例系数时的标注示例

4)"优化"选项组

"优化"选项组可以对尺寸进行附加调整。其中"手动放置文字"选项,可以在标注尺寸时用光标控制尺寸文字并将其放置在合适的位置,建议在进行直径和半径标注时采用该选项。"在延伸线之间绘制出尺寸线"选项可设定,当尺寸箭头在尺寸线外时,是否在尺寸界线内绘制尺寸线。

5."主单位"选项卡

"主单位"选项卡用于设置主单位的格式、精度以及尺寸文字的前缀和后缀等,如图6-19所示。

1)"线性标注"选项组

"线性标注"选项组中,"单位格式"用于设置除角度标注之外的各种标注类型的尺寸单位。"精度"用于设置除角度尺寸之外的其他尺寸的精度。"分数格式"用于设置以分数形式标注尺寸时的标注格式。"舍入"用于设置尺寸测量值的舍入值。"前缀"和"后缀"用于设

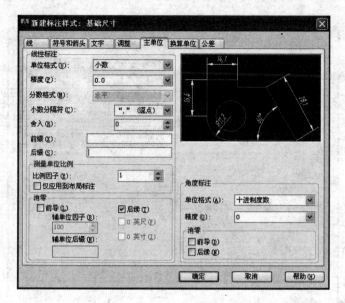

图 6-19　"主单位"选项卡

置标注尺寸时,尺寸文字前、后所加的文字或符号内容。如在圆柱体的非圆视图上标注直径时,尺寸文字前应加"ϕ",要实现这种标注可在"前缀"文本框中输入"%%C"。

"测量单位比例"用于设置测量单位的缩放比例。可根据绘制图形时所采用的比例来设定"测量单位比例"中的比例因子,AutoCAD 实际标注出的尺寸值是测量值与比例因子之积。图 6-20 所示为同一图形采用不同的比例因子时的标注情况。

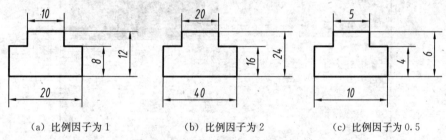

（a）比例因子为 1　　　　（b）比例因子为 2　　　　（c）比例因子为 0.5

图 6-20　不同比例因子时的标注示例

2）"角度标注"选项组

"角度标注"选项组用于设置角度标注时的单位、精度和是否消零。

6. "换算单位"选项卡

"换算单位"选项卡用于设置是否使用换算单位以及换算单位的格式,如图 6-21 所示。该选项卡默认是不显示的,当选择"显示换算单位"时,其各部分功能与"主单位"选项卡相似。

7. "公差"选项卡

"公差"选项卡用于设置是否标注公差以及以何种方式标注,如图 6-22 所示。

"公差格式"选项组用于确定公差的标注格式。其中"方式"下拉列表框中有五种标注公差的方式,标注效果如图 6-23 所示。

图 6-21   "换算单位"选项卡

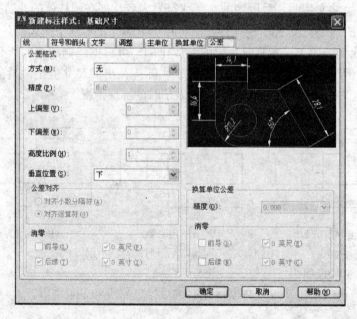

图 6-22   "公差"选项卡

(a) 无   (b) 对称   (c) 极限偏差   (d) 极限尺寸   (e) 基本尺寸

图 6-23   公差标注方式

"精度"下拉列表框用于设置尺寸公差的精度，建议设置成保留小数点后三位。"上偏差"用于设置尺寸的上偏差值，其默认值是正的，如果上偏差值为负值要在数字前加"－"号；"下偏差"用于设置尺寸的下偏差值，其默认值是负的，如果下偏差值为正值要在数字前加"－"号。"高度比例"用于确定上、下偏差字体高度与基本尺寸字体高度之间的比例；如果采用"对称"格式，应设为"1"；如果采用"极限偏差"格式，应采用"0.7"。"垂直位置"用于设置基本尺寸与公差的对齐方式，有上、中、下三种对齐方式，建议用"下"对齐，即基本尺寸文字与公差文字底部对齐。"公差对齐"用于设置公差值堆叠时的对齐方式。

在工程图样中，多数尺寸都不需要标公差，所以在设置尺寸标注样式时，最好单独设置一个用于标注公差的样式，以便在标注公差尺寸时单独使用。

6.1.3 机械图样中尺寸标注样式的设定

AutoCAD 可以绘制各种类型的图样，每种图样在标注尺寸时都有不同的国家标准，下面以国家标准《机械制图》为依据，系统地完成一套尺寸样式的设定。

1. 基础标注样式

（1）在"格式"下拉菜单中选择"标注样式"打开"标注样式管理器"，单击右侧"新建"按钮，弹出"创建新标注样式"对话框。

（2）在"新样式名"文本框中输入"基础尺寸"，再单击下方的"继续"按钮会弹出"新建标注样式"对话框。

（3）在"线"选项卡中，"基线间距"文本框中输入"7"，"超出尺寸线"文本框中输入"3"，"起点偏移量"文本框中输入"0"，如图 6-24（a）所示。

（4）在"文字"选项卡中，单击"文字样式"右侧的按钮会弹出"文字样式"对话框，在"字体名"中选择字体名为"isocp.shx"，在"宽度因子"文本框中输入"0.7"，在"倾斜角度"文本框中输入"15"，单击"应用"按钮，再单击"关闭"按钮，如图 6-24（c）所示。

（5）回到"文字"选项卡后，"从尺寸偏移"文本框中输入"1"，"文字对齐"选项组中选择"ISO 标准"。

（6）在"调整"选项卡中，"调整选项"选项组中选择"文字"。

（7）在"主单位"选项卡中，"线性标注"选项组内"精度"选择"0.0"，单击最下面的"确定"按钮，回到"标注样式管理器"对话框。

（8）单击"标注样式管理器"对话框中的"新建"按钮，弹出的"创建新标注样式"对话框，在"基础样式"中选择"基础尺寸"，在"用于"选择框内选择"直径标注"，单击"继续"按钮。

（9）在"调整"选项卡中，"优化"选项组中加选"手动放置文字"，其他选项卡都不变，如图 6-24（b）所示，单击"确定"按钮。

（10）单击"标注样式管理器"对话框中的"新建"按钮，弹出"创建新标注样式"对话框，在"用于"选择框内选择"半径标注"，单击"继续"按钮。

（11）在"调整"选项卡的"优化"选项组内加选"手动放置文字"，其他选项卡都不变，单击"确定"按钮。

（12）单击"标注样式管理器"对话框中的"新建"按钮，弹出的"创建新标注样式"

对话框，在"用于"选择框内选择"角度标注"，单击"继续"按钮。

（13）在"文字"选项卡中，"文字对齐"选项组中选择"水平"，其他选项卡都不变，单击"确定"按钮回到"标注样式管理器"对话框，如图 6-24（d）所示，单击下方的"关闭"按钮，完成该标注样式的全部设定。

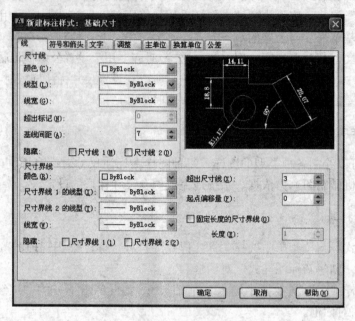

（a）"线"选项卡的设置

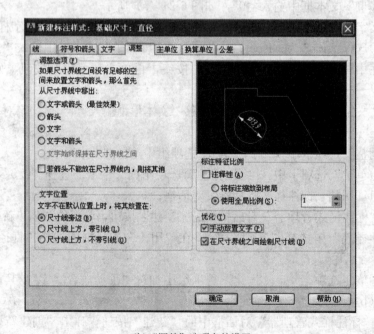

（b）"调整"选项卡的设置

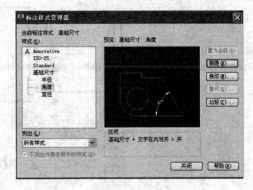

（c）"文字样式"的设置　　　　　　　　　　（d）"标注样式管理器"对话框

图 6-24　标注样式设置

　　以上标注样式可以完成除公差、指引线、非圆视图中轴的直径以外的大多数标注，标注示例如图 6-25 所示。

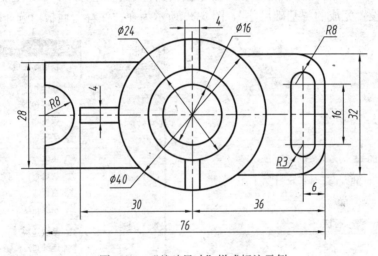

图 6-25　"基础尺寸"样式标注示例

2. 非圆视图中轴直径尺寸的标注样式

　　国家标准《机械制图》中要求，轴的直径尺寸尽量标注在投影不是圆的视图上，要在非圆视图上标注出直径"ϕ"，就要在尺寸文字前加一个前缀。为了标注方便，建议设置一个用于标注非圆视图中轴直径的标注样式，设置步骤如下：

　　（1）在"格式"下拉菜单中选择"标注样式"打开"标注样式管理器"，单击右侧"继续"按钮，弹出"创建新标注样式"对话框。

　　（2）在"新样式名"文本框中输入"轴的直径"，在"基础样式"选项框中选择前面已设置的"基础尺寸"，单击下方的"继续"按钮会弹出"新建标注样式"对话框。

　　（3）在"主单位"选项卡中，"前缀"文本框中输入"％％C"，单击"确定"按钮回到"标注样式管理器"，再单击下方的"关闭"按钮，完成"轴的直径"标注样式的设定，图 6-26 所示为"轴的直径"样式的标注示例。

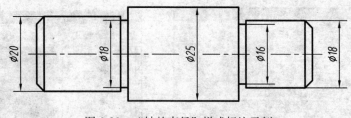

图 6-26　"轴的直径"样式标注示例

6.2　基础尺寸标注

AutoCAD 提供了多种尺寸标注命令，它可以在图形中标注两点间距离、圆和圆弧的直径或半径、点的坐标、角度、公差等。标注命令可在"功能区"选项板上的"注释"选项卡中的"标注"选项组内选取，如图 6-27 所示；也可在"标注"下拉菜单中选取，如图 6-28 所示；还可在"AutoCAD 经典"界面中，通过单击"标注"工具条中相应的标注命令图标来实现，如图 6-29 所示。在标注尺寸前应通过标注样式窗口选择一种已设置好的标注样式，如选择前面已设置完成的"基础尺寸"，图 6-30 所示为在"注释"面板内选择的标注样式。

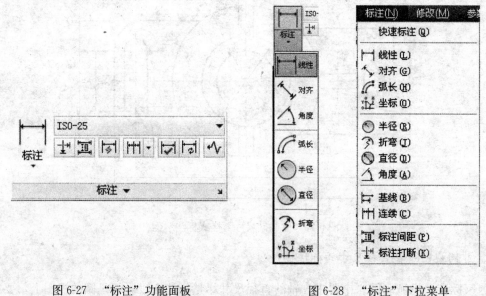

图 6-27　"标注"功能面板　　　　　　　　图 6-28　"标注"下拉菜单

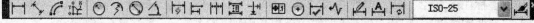

图 6-29　标注工具条

6.2.1　线性标注

1. 命令功能

线性标注（DIMLINear）可以标注水平方向尺寸和垂直方向的尺寸。

2. 操作方法

（1）单击"线性"命令按钮┤├，AutoCAD 提示：

指定第一条尺寸界线原点或＜选择对象＞：（可捕捉一点，如图 6-31 所示 A 点）

指定第二条尺寸界线原点：（可捕捉另一点，如图 6-31 所示 B 点）

指定尺寸线位置或［多行文字（M）／文字（T）／角度（A）／水平（H）／垂直（V）／旋转（R）］：（通过移动光标选择尺寸线的位置，确定位置后单击左键即完成标注）

（2）单击"线性"命令按钮┤├，然后直接按 Enter 键，AutoCAD 提示：

选择对象：（选择一条线段，如图 6-31 所示线段 BC）

指定尺寸线位置或［多行文字（M）／文字（T）／角度（A）／水平（H）／垂直（V）／旋转（R）］：（通过移动光标选择尺寸线的位置，确定位置后单击左键即完成标注）

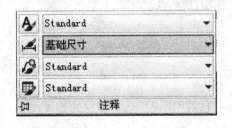

图 6-30　标注样式的选择

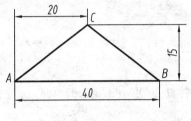

图 6-31　线性注示例

3. 选项说明

标注时其他选项功能如下。

（1）多行文字（M）：选择该选项会弹出图 6-32 所示的在位文字编辑器。在输入需要标注的尺寸文字后单击"确定"按钮。

图 6-32　在位文字编辑器

（2）文字（T）：选择该选项后可在命令提示区输入新的尺寸标注文字。

（3）角度（A）：选择该选项后在命令提示区输入一个数值，尺寸文字会旋转相应角度。

（4）水平（H）：选择该选项后只能标注所选对象的水平方向尺寸。

（5）垂直（V）：选择该选项后只能标注所选对象的垂直方向尺寸。

（6）旋转（R）：选择该选项后在命令提示区输入一个数值，标注时尺寸线会旋转相应角度，并标出该方向上的尺寸。

各种选项标注示例如图 6-33 所示。

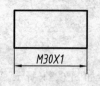 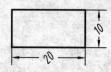

(a) 多行文字（M）输入 M30X1　　(b) 文字（T）输入％％C25　　(c) 角度（A）输入 45

 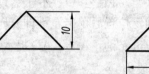 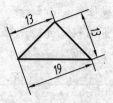

（d）垂直（V）　　　　　（e）水平（H）　　　　（f）旋转（R）输入 20

图 6-33　各种选项标注示例

6.2.2　对齐标注

1. 命令功能

对齐标注（DIMALIgned）可以标注两点间直线距离或所选直线段的长度尺寸。

2. 操作方法

单击"对齐"命令按钮 ，AutoCAD 提示：

指定第一条尺寸界线原点或<选择对象>：

接下去的操作方法及各选项的功能与"线性"标注都相同，不再重复介绍。对齐标注示例如图 6-34 所示。

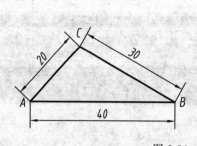 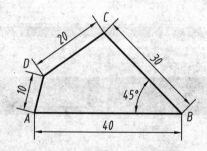

图 6-34　对齐标注示例

6.2.3　角度标注

1. 命令功能

角度标注（DIMANGular）可以标注两条相交直线的夹角和圆弧的包含角。

2. 操作方法

单击"角度"命令按钮 ，AutoCAD 提示：

选择圆弧、圆、直线或<指定顶点>：（以下为选择四种不同图线时的操作方法）

（1）选择一个圆弧，AutoCAD 提示：

指定标注弧线位置或［多行文字（M）/文字（T）/角度（A）/象限点（Q）］：（通过移动光标选择尺寸线的位置，确定位置后单击左键即完成标注）

（2）选择一个圆（选择圆时，拾取圆上的位置点即视为角度标注的第一个端点），AutoCAD提示：

指定角的第二个端点：（在圆上选另一点作为角的第二个端点）

指定标注弧线位置或［多行文字（M）/文字（T）/角度（A）/象限点（Q）］：（通过移动光标选择尺寸线的位置，确定位置后单击左键即完成标注）

（3）选择一条直线，AutoCAD 提示：

选择第二条直线：（选择相交的另一条直线）

指定标注弧线位置或［多行文字（M）/文字（T）/角度（A）/象限点（Q）］：（通过移动光标选择尺寸线的位置，确定位置后单击左键即完成标注）

（4）直接按 Enter 键，AutoCAD 提示：

指定角的顶点：（选择所标注角度的顶点）

指定角的第一个端点：（选择所标注角度的第一个端点）

指定角的第二个端点：（选择所标注角度的第二个端点）

指定标注弧线位置或［多行文字（M）/文字（T）/角度（A）/象限点（Q）］：（通过移动光标选择尺寸线的位置，确定位置后单击左键即完成标注）

这几种情况角度标注示例如图 6-35 所示。

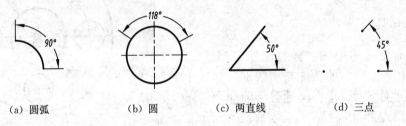

| (a) 圆弧 | (b) 圆 | (c) 两直线 | (d) 三点 |

图 6-35　角度标注示例

3. 选项说明

标注时命令提示中的"多行文字（M）"、"文字（T）"和"角度（A）"的功能与"线性"标注中的都相同。修改尺寸文字时，应在尺寸数字后加"％％D"，例如要标注"45°"应输入"45％％D"。

6.2.4　半径标注

1. 命令功能

半径标注（DIMRADius）用于标注圆弧的半径尺寸。

2. 操作方法

单击"半径"命令按钮 ⊙，AutoCAD 提示：

选择圆或圆弧：(选择要标注的圆弧)

指定尺寸线位置或 [多行文字（M）/文字（T）/角度（A）]：(通过移动光标选择尺寸线的位置，确定位置后单击左键即完成标注)

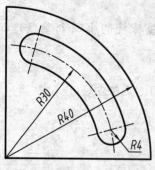

图 6-36　半径标注示例

3. 选项说明

标注时命令提示中的"多行文字（M）"、"文字（T）"和"角度（A）"的功能与"线性"标注中的都相同，图 6-36 所示为半径标注示例。

6.2.5　直径标注

1. 命令功能

直径标注（DIMDIAmeter）可以标注圆或圆弧的直径尺寸。

2. 操作方法

单击"直径"命令按钮◎，AutoCAD 提示：

选择圆或圆弧：(选择要标注的圆或圆弧)

指定尺寸线位置或 [多行文字（M）/文字（T）/角度（A）]：(通过移动光标选择尺寸线的位置，确定位置后单击即完成标注)

3. 选项说明

标注时命令提示中的"多行文字（M）"、"文字（T）"和"角度（A）"的功能与"线性"标注中的都相同。修改尺寸文字时，应在尺寸数字前加"%%C"，例如要标注"4×φ8"应输入"4×%%C8"，图 6-37 所示为直径标注示例。

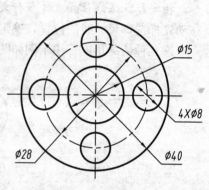

图 6-37　直径标注示例

6.2.6　弧长标注

1. 命令功能

弧长标注（DIMARC）可以标注圆弧的弧长。

2. 操作方法

单击"弧长"命令按钮 ，AutoCAD 提示：

选择弧线段或多段线圆弧段：(选择要标注的圆弧)

指定弧长标注位置或 [多行文字（M）/文字（T）/角度（A）/部分（P）/引线（L）]：(通过移动光标选择尺寸线的位置，确定位置后单击左键即完成标注)

3. 选项说明

标注时命令提示中的"多行文字（M）"、"文字（T）"和"角度（A）"的功能与"线性"标注中的都相同。"部分（P）"用来标注圆弧中部分弧的长度，可在圆弧上选择两点划定要标注的圆弧，图 6-38 所示为弧长标注示例。

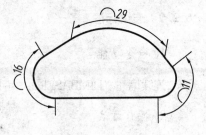

图 6-38　弧长标注示例

6.2.7　坐标标注

1. 命令功能

坐标标注（DIMORDinate）可以标注指定点相对于坐标原点的坐标尺寸。

2. 操作方法

单击"坐标"命令按钮，AutoCAD 提示：

指定点的坐标：（选择要标注的点）

指引线端点或 [X 基准（X）/Y 基准（Y）/多行文字（M）/文字（T）/角度（A）]：（光标在所选点的上下移动，将标注点的 X 坐标；光标在所选点的左右移动，将标注点的 Y 坐标）

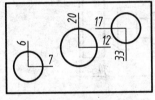

图 6-39　坐标标注示例

3. 选项说明

标注时命令提示中的"X 基准（X）"和"Y 基准（Y）"分别用于设定标注点的 X 坐标和 Y 坐标。"多行文字（M）"、"文字（T）"和"角度（A）"的功能与"线性"标注中的都相同，图 6-39 所示为标注示例。

6.2.8　基线标注

1. 命令功能

基线标注（IMBASEline）可以使同一方向具有同一尺寸起点的多个尺寸连续地进行标注。

2. 操作方法

单击"线性"命令按钮先标出一个基准尺寸，如图 6-40 中尺寸 6。然后单击"基线"命令按钮，AutoCAD 提示：

指定第二条界线原点或 [放弃（U）/选择（S）] ＜选择＞：（捕捉图 6-40 中的 A 点）

指定第二条界线原点或 [放弃（U）/选择（S）] ＜选择＞：（捕捉图 6-40 中的 B 点）

可以根据需要依次捕捉 C 点、D 点……，标注完毕按 Enter 键即可。

3. 选项说明

标注时命令提示中的"放弃（U）"用于放弃上一次操作，"选择（S）"用于重新确定标注时的基准尺寸。

6.2.9 连续标注

1. 命令功能

连续标注（DIMBASEline）可以使同一方向相邻尺寸共用一尺寸界线，并连续地进行标注。

2. 操作方法

单击"线性"命令按钮⊢先标出一个基准尺寸，如图 6-41 中尺寸 6。然后单击"连续"命令按钮⊩，AutoCAD 提示：

指定第二条界线原点或［放弃（U）/选择（S）］＜选择＞：（捕捉图 6-41 中的 A 点）
指定第二条界线原点或［放弃（U）/选择（S）］＜选择＞：（捕捉图 6-41 中的 B 点）
可以根据需要依次捕捉 C 点、D 点……，标注完毕按 Enter 键即可。

3. 选项说明

标注时命令提示中的"放弃（U）"用于放弃上一次操作，"选择（S）"用于重新确定标注时的基准尺寸。

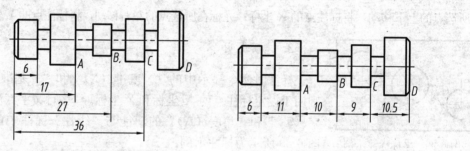

图 6-40　基线标注示例　　　　　图 6-41　连续标注示例

6.2.10 快速标注

1. 命令功能

快速标注（QDIM）可以针对不同的标注对象选择合适的标注类型，并快速地标注。

2. 操作方法

单击"快速标注"命令按钮⊢，AutoCAD 提示：

选择要标注的几何图形：（在图中连续地选择要标注的图形，如图 6-42（a）中的三个圆或图 6-42（c）中的四个圆弧）↙

指定尺寸线位置或［连续（C）/并列（S）/基线（B）/坐标（O）/半径（R）/直径（D）/基准点（P）/编辑（E）/设置（T）］＜连续＞：（如果选择默认的"连续"选项，用光标在图中确定尺寸线位置即可，标注效果如图 6-42（a）所示）

3. 选项说明

选项中"连续（C）"相当于连续标注，"基线（B）"相当于基线标注，"半径（R）"和

"直径（D）"可以一并标出所选圆弧的半径或直径，各选项标注效果如图6-42所示。

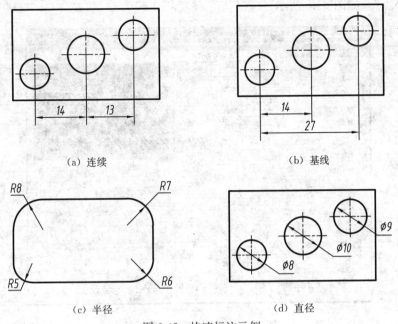

（a）连续　　　　　　　　　　　（b）基线

（c）半径　　　　　　　　　　　（d）直径

图 6-42　快速标注示例

6.2.11　多重引线标注

1. 命令功能

用于标注轴和孔的倒角、零件的序号和注释等。

2. 多重引线标注的设置

单击"格式"下拉菜单中的"多重引线样式"，弹出"多重引线管理器"对话框，如图6-43所示。下面以标注零件的序号为例介绍多重引线的设置步骤和标注方法。

（1）单击"新建"按钮，弹出"创建新多重引线样式"对话框，如图6-44所示。在"新样式名"下面输入"零件序号"，单击"继续"按钮弹出"修改多重引线样式"对话框。

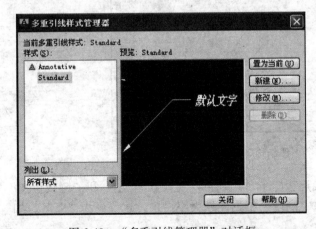

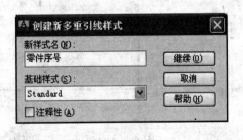

图 6-43　"多重引线管理器"对话框　　　　图 6-44　"创建新多重引线样式"对话框

（2）在"引线格式"选项卡中，将"箭头"选项组内的"符号"根据图形的大小选择为
"点"或"小点"，如图 6-45 所示。

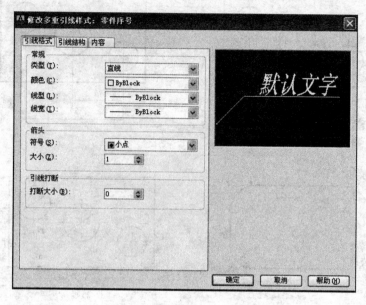

图 6-45　"引线格式"选项卡

（3）在"引线结构"选项卡中，将"基线设置"区内的"自动包含基线"选中，"设置
基线距离"用于设置文字下面水平基线的长度（不包括文字下面下划线的长度），建议输入
"1"，如图 6-46 所示。

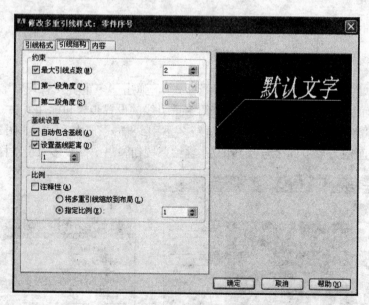

图 6-46　"引线结构"选项卡

（4）在"内容"选项卡中，将"引线连接"选项组内的"链接位置-左"和"链接位置-
右"都设置成"最后一行加下划线"，"文字高度"根据图纸大小设定，建议设为"3.5"，如
图 6-47 所示。

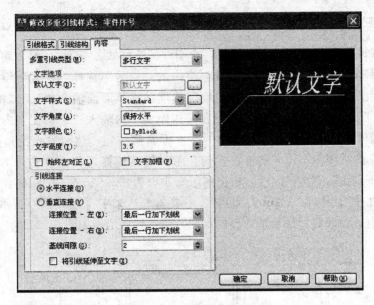

图 6-47 "内容"选项卡

（5）单击"确定"按钮回到"多重引线管理器"对话框，再单击"关闭"按钮完成设置。

3. 多重引线（MLEADER）的标注

（1）单击"常用"选项卡中"注释"功能区里的"注释"按钮，在展开的"多重引线样式"选项中选择"零件序号"，如图 6-48 所示。

（2）单击"注释"功能区中的"多重引线"按钮 ✐，AutoCAD 提示：

指定引线箭头的位置［引线基线优先（L）/内容优先（C）/选项（O）］＜选项＞：（用光标在图样中指定零件序号的起点）

指定引线基线的位置：（用光标在图样中指定零件序号的第二点）

指定引线基线的位置：（在弹出的"文字格式"工具栏下输入零件序号如"1"，输入完毕后在文字旁边任意位置点击一下左键即可）

重复上述操作，完成全部零件序号的标注，如图 6-49 所示。

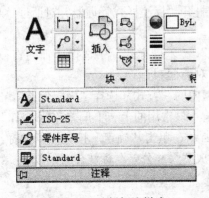

图 6-48　选择标注样式

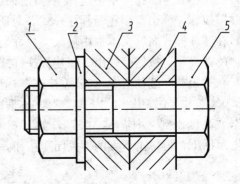

图 6-49　零件序号标注示例

4. 设置说明

在标注轴和孔的倒角时，应重新设置一个引线标注样式，"新样式名"可输入"倒角"；在"引线格式"选项卡中，将"箭头"选项组内的"符号"选择为"无"；在"引线结构"选项卡中"约束"区内，选取"第一段角度"选项并在其后面输入"45"，将"基线设置"选项组内的"自动包含基线"选中，"设置基线距离"内输入"1"；在"内容"选项卡中"文字选项"选项组内，单击"默认文字"文本框右侧按钮，然后输入倒角数值如"C2"，在"引线连接"选项组内，将"链接位置-左"和"链接位置-右"选项右边的文本框都设置成"第一行加下划线"，"文字高度"根据图纸大小设为"3.5"或"5"；标注时如需要更换倒角数值，可在拉出引线后，AutoCAD 提示：覆盖默认文字［是（Y）/否（N）］＜否＞：输入"Y"，再按 Enter 键，然后输入新的倒角数值，标注示例如图 6-50 所示。

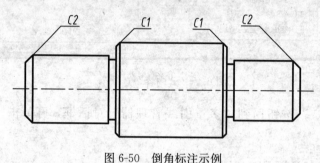

图 6-50　倒角标注示例

6.3　尺寸公差与形位公差

6.3.1　尺寸公差标注

在零件图中，基本尺寸相同具有配合要求的孔和轴都要标注尺寸公差，尺寸公差的标注与其他尺寸标注有很大的差别，应单独设一个标注样式。另外，尺寸公差大多标注在孔或轴投影不是圆的视图上，因此可以把前面所设的"轴的直径"标注样式作为基础，设置尺寸公差的标注样式。

1. 尺寸公差标注样式的设置

（1）在"格式"下拉菜单中选择"标注样式"打开"标注样式管理器"对话框，单击右侧"新建"按钮，弹出"创建新标注样式"对话框。

（2）在"新样式名"文本框中输入"尺寸公差"，"基础样式"中选择"轴的直径"，再单击右侧的"继续"按钮会弹出"新建标注样式"对话框。

（3）在"公差"选项卡中，"公差格式"选项组内的"方式"选择"极限偏差"，"精度"选择"0.000"，"上偏差"和"下偏差"文本框中输入最常用的上、下偏差数值，如"0"和"0.021"，"高度比例"中输入"0.7"，如图 6-51 所示；单击"确定"按钮回到"标注样式管理器"对话框，再单击下方的"关闭"按钮，完成"尺寸公差"标注样式的设定。

2. 尺寸公差的标注

在标注尺寸公差时，应首先在标注样式文本框中选择已设置好的样式"尺寸公差"，然

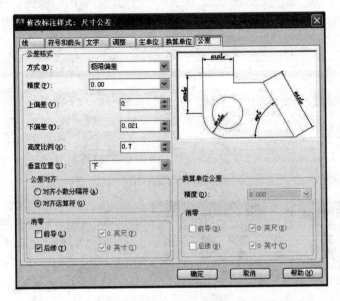

图 6-51   "公差"选项卡

后用"线性"尺寸标注命令进行标注。但用这种方法标注尺寸公差时不能修改极限偏差数值，都默认为"公差"选项卡中输入的上、下偏差数值，如图 6-52（a）所示。解决这个问题常用方法：一是多创建几个公差标注样式或利用样式"替代"，在每个样式的"公差"选项卡中根据需要输入不同的上、下偏差数值，这种方法较麻烦；另一种方法是在尺寸公差标注完后，在"特性"对话框中对上、下偏差数值进行修改。

3. 尺寸公差的修改

在图中拾取要修改的尺寸公差，单击"修改"下拉菜单中的"特性"，会弹出"特性"对话框，如图 6-53 所示。拖动左侧滑块找到"公差"项，在其下面的"公差上偏差"和"公差下偏差"内输入新的极限偏差值，然后关闭"特性"对话框完成一个尺寸公差的修改，重复以上操作将尺寸公差逐一修改，修改后如图 6-52（b）所示。

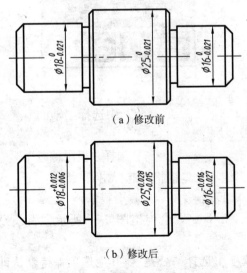

图 6-52   尺寸公差的修改

图 6-53   "特性"对话框

6.3.2 形位公差标注

1. 命令功能

可以标注各种形位公差（国家标准 GB/T 1182—2008 中改称为"几何公差"）。

2. 操作方法一

用"公差"（TOLerance）命令进行标注，用该方法只能标注出公差框格和项目内容而无指引线，所以要先画出表明形位公差标注位置的指引线。

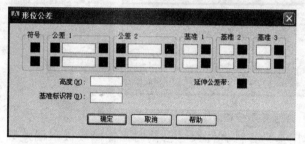

图 6-54　"形位公差"对话框

单击"公差"命令按钮⊞⊟，会弹出图 6-54 所示"形位公差"对话框。

（1）单击"符号"下面黑格，会弹出图 6-55 所示"特征符号"对话框，可在对话框内选取要标注的形位公差符号。

（2）"公差 1"和"公差 2"可选择一个，也可都选；如要选择就在其下面的文本框中输入公差值；如果公差值含有 ϕ，则单击文本框前面的黑格，就会出现直径符号" ϕ "；单击文本框后面的黑格，会弹出图 6-56 所示"附加符号"对话框，可根据需要进行选择。

（3）"基准 1"、"基准 2"、"基准 3"用于设置形位公差基准；如果有基准，则在下面的文本框中输入相应的基准字母；单击文本框后面的黑格也会弹出"附加符号"对话框，可根据需要进行选择。

（4）所有项目设置完后单击下面的"确定"按钮，AutoCAD 会提示要求输入公差位置，用光标在图中指定标注位置即可。

图 6-55　"特征符号"对话框

图 6-56　"附加符号"对话框

3. 操作方法二

用"快速引线"命令进行标注，可以把指引线和公差框格一起标出。

（1）从键盘输入"快速引线"命令"QLEADER"，AutoCAD 会提示：

指定第一个引线点或［设置（S）］＜设置＞：S↙，会弹出图 6-57 所示"引线设置"对话框。

（2）在"注释"选项卡中，"注释类型"选项组选择"公差"，其他选项保持默认即可。单击下面的"确定"按钮，AutoCAD 会提示：

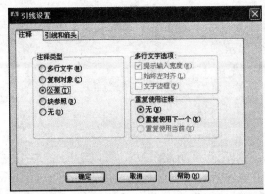
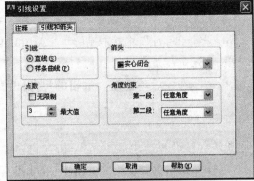

(a)"注释"选项卡　　　　　　　　　　　　(b)"箭头与引线"选项卡

图 6-57　"引线设置"对话框

　　指定第一个引线点或［设置（S）］＜设置＞：（在图形上找到要标注形位公差的起始点，建议把辅助工具按钮"正交"激活）

　　指定下一点：（单击指引线的第二点）

　　指定下一点：（单击指引线的最后点），会弹出图 6-54 所示"形位公差"对话框。

　　(3) 按操作方法一的步骤，设置"形位公差"对话框中的选项，设置完成后，单击下面的"确定"按钮即结束标注。图 6-58 为形位公差标注示例。

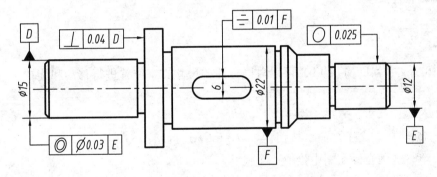

图 6-58　形位公差标注示例

　　另外，"快速引线"命令也可以用于装配图中零件序号的标注。方法是：在"引线设置"对话框中，"注释"选项卡内"选项类型"选项组中选"多行文字"，"箭头与引线"选项卡内"箭头"选项选"点"、"角度约束"选项组中"第二段"选"水平"，"附着"选项卡内选"最后一行加下划线"，单击"确定"按钮后在图上单击序号标注位置并输入序号数值即可。

6.4　尺寸标注的编辑与修改

6.4.1　编辑标注

1. 命令功能

　　编辑标注（DIMEDit）可以对已标注的尺寸进行编辑与修改。

2. 操作方法

单击"编辑标注"命令按钮🔲，AutoCAD 提示：

输入标注编辑类型 [默认（H）/新建（N）/旋转（R）/倾斜（O）] <默认>：

选择一个选项后单击需要编辑的尺寸即可。

3. 选项说明

"默认（H）"表示按默认位置和方向放置尺寸文字；"新建（N）"可以对尺寸文字进行修改，选择该项后会弹出一个文本框，可在其中输入新的尺寸文字；"旋转（R）"可将尺寸文字旋转一个角度，选择该项后输入角度值；"倾斜（O）"可使尺寸界线倾斜一定角度，选择该项后输入角度值，图 6-59 为几种编辑选项的标注示例。

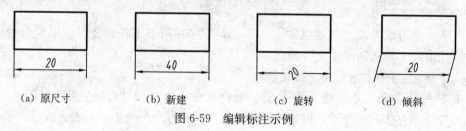

(a) 原尺寸   (b) 新建   (c) 旋转   (d) 倾斜

图 6-59　编辑标注示例

6.4.2　编辑标注文字

1. 命令功能

编辑标注文字（DIMTEIT）可以对已标注的尺寸文字位置进行移动和旋转。

2. 操作方法

单击"编辑标注文字"命令按钮🔲，AutoCAD 提示：

选择标注：（用光标在图中拾取一个尺寸）

为尺寸文字制定新位置或 [左对齐（L）/右对齐（R）/居中（C）/默认（H）/角度（A）]：（用光标拖动尺寸到一个新位置单击左键完成编辑）

其他几个选项标注效果如图 6-60 所示。

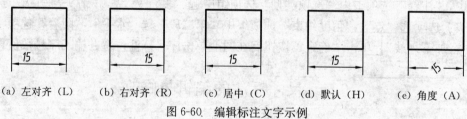

(a) 左对齐（L）   (b) 右对齐（R）   (c) 居中（C）   (d) 默认（H）   (e) 角度（A）

图 6-60　编辑标注文字示例

6.4.3　标注更新

1. 命令功能

标注更新（DIMSTYLE）可以对已标注的尺寸样式进行更新。

2. 操作方法

(1) 通过标注样式窗口选择更新后的标注样式作为当前样式,如"尺寸公差"。

(2) 单击"标注更新"命令按钮,AutoCAD 提示:

选择对象:(在图中选择需要更新的尺寸,然后按 Enter 键即可)

图 6-61 为尺寸标注更新前后的对比示例。

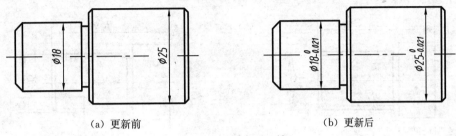

(a) 更新前　　　　　　　　　　(b) 更新后

图 6-61　尺寸标注更新

6.4.4　标注间距

1. 命令功能

标注间距(DIMSPACE)可以调整尺寸标注之间的距离。

2. 操作方法

单击"标注间距"命令按钮,AutoCAD 提示:

选择基准标注:用光标在图中选择一个尺寸作为基准

选择要产生间距的标注:用光标在图中选择另一个尺寸

选择要产生间距的标注:(用光标在图中再选择一个尺寸,可以连续选多个尺寸)↙

输入值或〔自动(A)〕<自动>:(输入间距值,如"0")↙

图 6-62 为尺寸间距调整前后的对比示例。

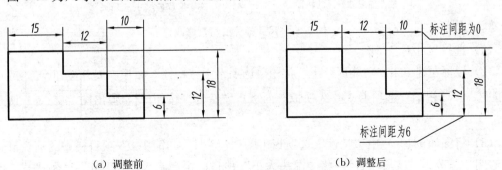

(a) 调整前　　　　　　　　　　(b) 调整后

图 6-62　尺寸间距的调整

6.4.5 尺寸标注对象特性的修改

1. 利用"特性"选项板修改尺寸对象特性的方法

选择对象，打开对象"特性"选项板，修改尺寸标注中的尺寸线、尺寸界线、箭头、尺寸数字等特性内容。

例如，修改图 6-63（a）中 M35 尺寸箭头的操作步骤如下。

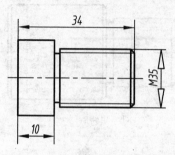

（a）修改前

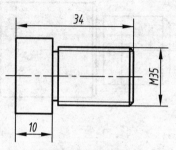

（b）修改后

（c）修改前尺寸标注的特性

（d）修改后尺寸标注的特性

图 6-63　尺寸标注的特性修改

（1）选择尺寸对象 M35。

（2）鼠标左键单击"功能区"｜"常用"选项卡｜"特性"面板｜展开按钮 ⌄，或单击"功能区"｜"视图"选项卡｜"选项板"面板｜"特性"按钮，弹出图 6-63（c）所示对话框。

（3）将图 6-63（c）中"特性"选项板中的"箭头 1"、"箭头 2"项目栏中的箭头形式由"空心闭合"改为"实心闭合"，将"箭头大小"项目栏中箭头大小由"5"改为"3"，修改后尺寸标注如图 6-63（b）所示。

说明：注意修改前图 6-63（a）与修改后图 6-63（b）图形对象中尺寸标注 M35 的箭头形式与大小的变化、图 6-63（c）与图 6-63（d）"特性"选项板中"箭头"项目栏与"箭头大小"项目栏内容的变化。

2. 利用"特性匹配"命令修改尺寸标注特性的方法

启动"特性匹配"命令，选择源对象，再选择目标对象，则源对象的特性复制给目标对象。

利用"特性匹配"命令修改图 6-63（a）中 M35 尺寸标注的步骤如下：

（1）单击"功能区"｜"常用"功能选项卡｜"剪贴板"功能面板上的特性刷（Match property）图标，或选择下拉菜单"修改"｜特性匹配，或单击"标准"工具条中的特性刷（Match property）图标，或输入命令：MATCHPROP，均可以启动"特性匹配"功能。

（2）选择图中尺寸 34 为源对象。

（3）选择 M35 为目标对象。

其结果与图 6-63（b）相同。

6.5　上机实践

尺寸标注的一般步骤如下：

（1）运用前面所学的知识，设置好尺寸标注所需的样式，如："基础尺寸"、"轴的直径"、"尺寸公差"。

（2）对图形中的尺寸进行分析，确定各个尺寸应当用哪种标注样式进行标注。

（3）选择一种标注样式进行标注，标注完该样式的所有尺寸后再换另一种标注样式，尽量避免来回反复更换标注样式。

（4）检查所标尺寸是否完整、是否正确、位置是否合理，如有问题可进行编辑修改。

6-1　绘制图 6-64 所示图样，并标注尺寸。

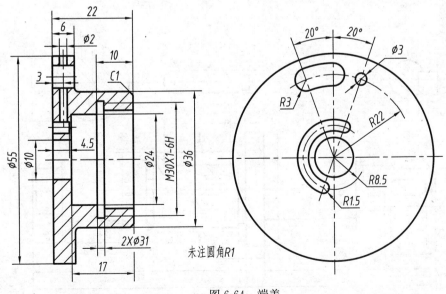

图 6-64　端盖

6-2 绘制图 6-65 所示图样，并标注尺寸。

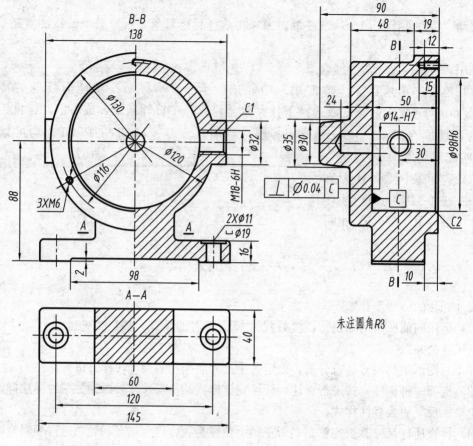

图 6-65　壳体

6-3 绘制图 6-66 所示图样，并标注尺寸。

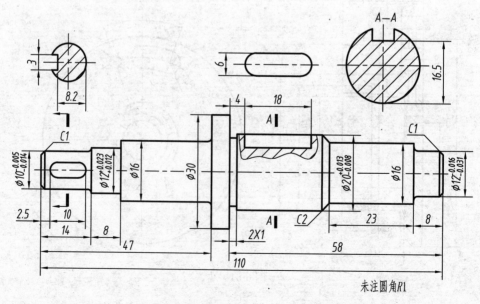

图 6-66　轴

6-4 绘制图 6-67 所示图样，并标注尺寸。

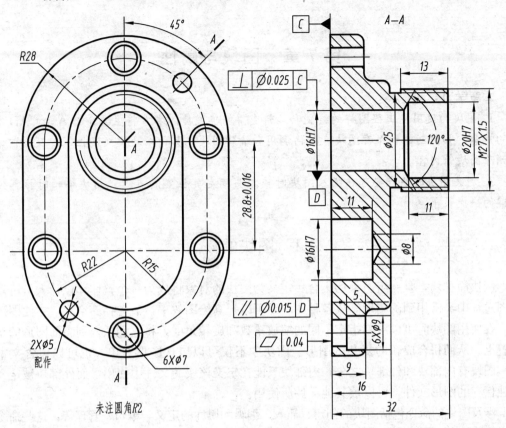

图 6-67　泵盖

第7章 图块与属性

本章学习要点提示

1. 图块的使用使工程图样的绘制和编辑变得简单便捷。本章将主要介绍 AutoCAD 中图块的概念，如何创建和保存图块，如何调用和编辑图块，如何给块定义属性，以及如何分解和删除图块等内容。

2. 定义图块时基点要选在插入图块时较容易确定其位置的点上。图块编辑时推荐使用右键的快捷菜单。

7.1 图块的概念

图块简称块，是一组对象的集合，定义为图块的对象将成为一个整体。设计人员可以将绘图过程中经常用到的图形做成各种图块，可以提高绘图效率，节省存储空间，方便图形修改。在使用图块时可以对其指定不同的缩放系数和旋转角度，将它们插入到当前图形的指定位置上，从而拼合成新的复杂的图形。图块中不仅可以包含图形对象，也可以包含文本对象。图块有内部块和外部块之分，内部块只能在定义该块的文件中使用，而外部块被定义成单独保存的图形文件，可以被其他文件所使用。

涉及图块的命令包括图块的创建、插入、编辑和属性的定义、编辑、管理等，这些命令可以全部或部分通过下面方法启动：可以使用"功能区"选项板上"常用"选项卡中"块"面板内的命令图标，如图 7-1 所示；或使用"功能区"选项板上"插入"选项卡中"块"和"块定义"面板内的命令图标，如图 7-2 所示；或使用"绘图"菜单中"块"子菜单中的命令，如图 7-3 所示；还可以通过"绘图"工具栏中的命令按钮，如图 7-4 所示；或从键盘输入命令名。

图 7-1 "常用"选项卡中展开的"块"面板

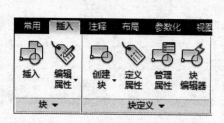

图 7-2 "插入"选项卡中的"块"和"块定义"面板

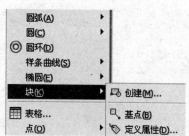

图 7-3 "绘图"菜单中"块"子菜单

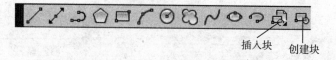

图 7-4 "绘图"工具栏中图块的命令

7.2 图块的创建

1. 命令功能

创建块（Block）也叫定义图块，利用"块定义"对话框将预先绘制好的图形定义为图块。

2. 操作方法

（1）单击图 7-1"块"面板中的"创建"命令按钮 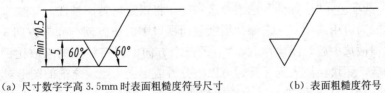，打开图 7-5 所示的"块定义"对话框。图 7-6 为预先绘制好的要定义为图块的表面粗糙度符号。

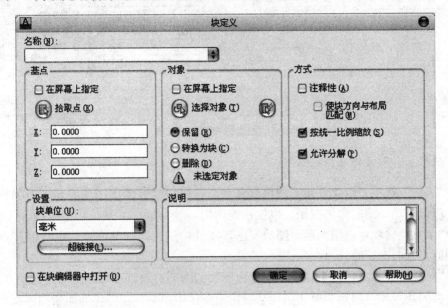

图 7-5 "块定义"对话框

（a）尺寸数字字高 3.5mm 时表面粗糙度符号尺寸　　　　（b）表面粗糙度符号

图 7-6 要定义成图块的图形

（2）在"名称"下面的文本框中输入"粗糙度"，如图 7-7（a）所示。单击"基点"选项组中的"拾取点"按钮，"块定义"对话框暂时隐藏，工作界面回到绘图区，拾取表面粗糙度符号的下方顶点作为基点，如图 7-7（b）所示。选好基点后工作界面自动回到"块定义"对话框。

（3）单击"对象"选项组中的"选择对象"按钮，同样"块定义"对话框暂时隐藏，工作界面回到绘图区，选取已经绘制好的表面粗糙度图形，如图 7-7（c）所示。使用 Enter 键或鼠标右键回到"块定义"对话框，这时在"名称"文本框右边出现将成为图块的图形的预览，如图 7-7（d）所示，据此可以检验是否已经将需要定义成图块的图形全部选择。

（4）其他选项保持默认状态。单击"确定"按钮完成"粗糙度"图块的创建。

（a）给定图块的名称

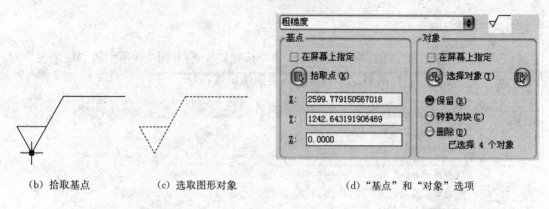

（b）拾取基点　　　　　（c）选取图形对象　　　　　（d）"基点"和"对象"选项

图 7-7　创建图块的操作过程

3. "块定义"对话框选项说明

（1）"名称"选项：给要创建的图块取名，名称最好能够体现图块用途。当创建的图块较多时，应该遵循一定的命名规则，以便快速选用。

（2）"基点"选项组：用来确定图块在图形文件中使用时的基准点。默认的基点位置是坐标系的原点（0，0，0）。

（3）"对象"选项组：用来确定要创建成图块的图形对象以及对原图形的处理方式。"保留"、"转换为块"和"删除"单选项用来确定绘图区中用来创建图块的原始图形保留其原有状态、转换成图块的一个实例或者将其从绘图区中删除。

（4）"方式"选项组："注释性"选项被选中时，将指定块为注释性，此时"使块方向与布局匹配"选项成为可用选项，用来保持图纸空间视口中的块方向与布局方向一致。"按统一比例缩放"选项被选中后，图块在 X、Y、Z 三个方向上保持相同的缩放比例。"允许分解"选项被选中后，图块在插入到屏幕时可以被分解成定义为图块之前的图形对象形式。

（5）"在块编辑器中打开"选项：此选项被选中时，当使用"确定"按钮关闭"块定义"对话框时，在"功能区"选项板内右侧将出现"块编辑器"选项卡，被定义成图块的图形将在块编辑器界面中打开，在此界面下可以对定义成图块的图形进行编辑和保存。

利用"块定义"对话框创建的图块只能在创建它的图形文件中使用，通常被称作"内部块"。

7.3　图块的插入

1. 命令功能

插入（Insert）命令可以将图块或图形文件插入到当前图形中需要的位置，在插入的过程中可以设置图块的比例、旋转角度，还可以选择图块插入后仍然是图块或分解成图形对象。

2. 操作方法

(1) 单击图 7-1 "块" 面板中的 "插入" 命令按钮📥，打开图 7-8 所示的 "插入" 对话框。

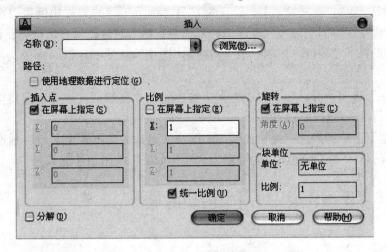

图 7-8　"插入" 对话框

(2) 在 "名称" 文本框中选择已定义好的图块，单击图块名列表中要插入到当前文件中的 "粗糙度" 图块，此时在 "插入" 对话框的右上方会显示该图块的形状，如图 7-9 所示。

图 7-9　选择要插入到当前图形的图块名

(3) "插入点" 选项保持默认的 "在屏幕上指定"；"比例" 选项保持默认的 "统一比例"，X、Y、Z 三个方向上缩放比例均为 1；"旋转" 选项保持默认的 "在屏幕上指定"。单击 "确定" 按钮，"插入" 对话框关闭，光标带着图块出现在屏幕上，此时命令行提示：

指定插入点或 [基点 (B) /比例 (S) /旋转 (R)]：(在屏幕上用鼠标确定插入点)

指定旋转角度 <0>：(输入所需的旋转角度数值，使用默认数值则可单击鼠标右键、空格键或 Enter 键)。

"基点"、"比例" 和 "旋转" 选项可以重新设定此图块实例的基点和缩放比例以及确定图块的旋转角度。图 7-10 所示为在不同方向表面上插入 "粗糙度" 图块的实例。

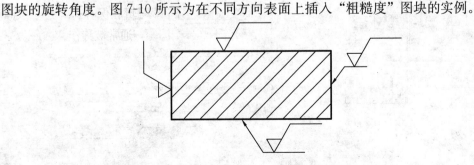

图 7-10　在不同方向表面上插入 "粗糙度" 图块

3. "插入"对话框选项说明

（1）"插入点"选项：通过拾取点或者用输入坐标值的形式确定图块插入的位置。

（2）"比例"选项：图块 X、Y、Z 三个方向可赋予相同的缩放比例也可分别赋予不同的缩放比例，或指定将图块插入到屏幕上时从命令行输入缩放比例数值。需要说明的是，如在创建图块时设置了"按统一比例缩放"，则插入图块时"统一比例"项成为默认选项，且不能修改。

（3）"旋转"选项：可以在文本框中直接输入旋转角度数值，或者指定将图块插入到屏幕上时从命令行输入旋转角度数值。

（4）"分解"选项：如选中此复选框，则图块实例插入到屏幕上后转变成图形对象的形式。需要说明的是，只有创建图块时设定为"允许分解"的图块才能被分解。

7.4　图块的保存

1. 命令功能

使用"块定义"对话框创建的图块随创建该图块的文件一起保存。有些图形在设计过程中经常会用到，需要将其保存成单独的图形文件形式，为其他图形文件所使用。"写块（Wblock）"命令可以将当前图形的部分或全部内容保存成独立的图形文件，或将已创建的内部块另存为独立的图形文件。由于"写块"命令所保存的图块可以被其他文件使用，所以通常称作"外部块"。

启动"写块"命令可以使用"功能区"选项板中"插入"选项卡上"块定义"面板中的命令图标，如图 7-11 所示；也可在命令行中输入命令名"Wblock"。

2. 操作方法

单击图 7-11 中的"写块"命令按钮，打开的"写块"对话框如图 7-12 所示。

图 7-11　"写块"命令在功能区的位置　　　图 7-12　"写块"对话框

在"源"选项组中选择"块（B）"选项，在右侧文本框中选择已经定义的图块名称，如图 7-12 中选择图块"螺母 M6"，此时"目标"选项组"文件名和路径（F）"下面的文本框中会自动给出此外部块保存的文件名和路径，文件名和保存路径都可以重新设定。单击"确定"按钮，完成图块的保存。打开此外部块的存储路径，如图 7-13 所示，图块"螺母M6"已经保存成为单独的图形文件，扩展名为"dwg"。

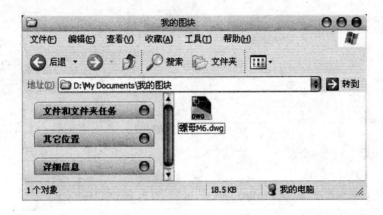

图 7-13　保存成单独文件的外部块

3．"写块"对话框"源"选项组选项说明

（1）"整个图形（E）"选项：表示将绘图区中所有图形对象保存为图块文件。

（2）"对象"选项：如同定义一个内部块一样选取要保存成外部块的图形对象并为其指定基点。

4．外部块的调用

图形对象被保存成外部块后就可以被其他文件所调用。调用过程如下：

（1）在一个新图形文件中，使用"插入"命令打开"插入"对话框。

（2）单击"名称"文本框右侧的"浏览"按钮，如图 7-14（a）所示；打开"选择图形文件"对话框，如图 7-14（b）所示；在外部块所存储的路径下选择"螺母 M6.dwg"文件；单击"打开"按钮回到"插入"对话框，此时"名称"文本框中显示被调用的外部块的名称，其下方则显示了该图块的保存路径，如图 7-14（c）所示。

（3）设置好其他选项后单击"确定"按钮，完成外部块的调用。

5．三点说明

（1）外部块是独立的图形文件，其编辑修改过程和其他图形文件一样。修改后的文件只对以后调用它的文件有效。

（2）通过外部块的调用过程可见，任何图形文件都可以在需要时作为其他图形文件的外部块。

（3）外部块被调用以后，在调用它的文件中成为内部块。

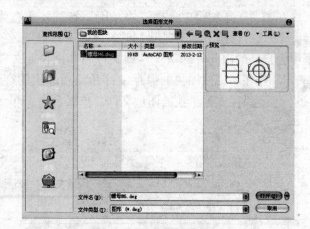

(a) 使用"浏览"按钮　　　　　　　　　(b) "选择图形文件"对话框

(c) 选择外部块后"插入"对话框的变化

图 7-14　调用外部块的过程

7.5　图块的属性

1. 命令功能

图块的属性（ATTdef）是可以包含在块定义中的非图形信息，一个图块中可以包含多个属性。在创建图块时将图形对象和属性一起定义，插入图块时可以给属性赋不同的值。比如将表面粗糙度的数值定义为属性，将该属性与表面粗糙度的图形符号一起定义为带有属性的图块，在插入该图块时根据需要赋予不同的粗糙度数值。

2. 操作方法

（1）单击图 7-1"块"面板中的"定义属性"命令按钮 ✎，打开"属性定义"对话框，如图 7-15 所示。

（2）"模式"选项组保持默认状态，即"锁定位置"选项选中，其余选项未选中。"插入点"选项组保持默认的"在屏幕上指定"。在"属性"选项组的"标记"选项后输入"RA"，在"默认"选项中输入"3.2"。"文字设置"选项组中"对正"保持默认的"左对齐"；"文字样式"选项将默认的"Standard"改为已经定义好的"数字和

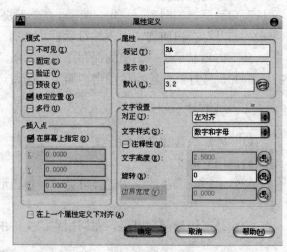

图 7-15　"属性定义"对话框

字母"文字样式，"文字高度"由所选定的文字样式决定；"注释性"保持未选中的状态；"旋转"选项保持默认的"0"度。单击"确定"按钮。"属性定义"对话框关闭，光标带着属性标记出现在屏幕上，如图 7-16（a）所示；已准备好的图块的非属性部分如图 7-16（b）所示；将属性安放在图块的正确位置上，如图 7-16（c）所示。

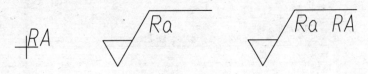

（a）带着对正位置的属性　　（b）图块的非属性对象　　（c）要定义成图块的对象集合

图 7-16　将属性安放在适当的位置

3. "属性定义"对话框选项说明

（1）"模式"选项组："不可见"选项被选中时，插入图块后，属性值并不在屏幕上显示；"固定"选项被选中时，属性为常量且不能对属性进行编辑。"验证"选项如被选中，插入图块时，系统会重新显示属性值，由用户确认该值是否正确。"预设"选项如被选中，插入图块时，系统会把事先在"属性"选项中给定的默认值作为属性值，不再提示输入属性值。"锁定位置"如被选中，插入图块时，属性相对于图块中的其余部分不能相对移动。

（2）"插入点"选项：用于确定属性文本在图块中的参考点。

（3）"属性"选项组："标记"文本框中必须输入属性的标签，如标签中有小写字母，显示在屏幕上时系统会自动将其改成大写字母。"提示"和"默认"文本框内可以不输入任何信息。

（4）"文字设置"选项组：用来确定属性文本的对正方式、文字样式、字高和旋转角度等。

4. 属性块应用实例

将图 7-16（c）所示图形和属性一起创建成属性块，定义块名为"粗糙度 Ra"。使用插入命令，将此图块插入到屏幕上正确的位置，如图 7-17 所示。

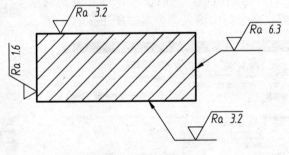

图 7-17　属性块的应用

5. 属性值的修改

当图块中的属性值可编辑时，可在如图 7-18 所示的"增强属性编辑器"对话框中修改属性值。双击图块或单击图 7-1 中"编辑属性"　图标且拾取图块可打开该对话框，例如双击图 7-17 所示右表面的粗糙度图块。将"属性"选项卡中"值"文本框中的数值改为需要的内容即可。

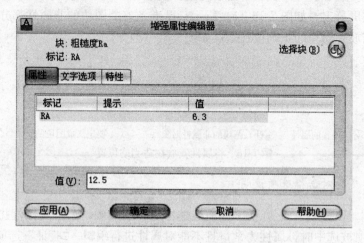

图 7-18　"增强属性编辑器"对话框

7.6　图块的在位编辑

1. 命令功能

在设计绘图过程中，有时需要对插入的图块在其所插入的位置直接进行局部修改和编辑，但仍然希望图块中的对象还是整体，而又不破坏其他图形对象。编辑参照（REFedit）命令可以在图块所插入的位置对其进行编辑，通过设置将当前图形中的其他对象处于锁定状态，避免编辑图块过程中对其他对象误操作。对图块中的对象所进行的修改相当于修改了当前文件中的块定义。

启动"编辑参照"命令可以使用"功能区"选项板中"插入"选项卡上"参照"面板中的"编辑参照"命令按钮，如图 7-19 所示；或使用"工具"菜单中"外部参照和块在位编辑"子菜单下的"在位编辑参照"命令；或使用"参照编辑"工具栏中的命令按钮；也可以单击鼠标左键拾取要进行编辑的图块，然后使用鼠标右键快捷菜单中的"在位编辑块"命令，如图 7-20 所示；或在命令行中输入命令名"REFedit"。

 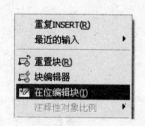

图 7-19　"编辑参照"命令在功能区的位置　　　　图 7-20　"在位编辑块"的快捷菜单

2. 操作方法

（1）单击图 7-19 中的"编辑参照"命令按钮，命令行提示：

REFEDIT 选择参照：

拾取需要在位编辑的图块，例如拾取已插入当前图形中的"螺母 M6"图块。

系统自动打开的"参照编辑"对话框，如图 7-21（a）所示。可以看到"标识参照"选项卡中"参照名"选项下面出现待编辑图块的名称，右侧预览区域显示其图像。保持"设置"选项卡中"锁定不在工作集中的对象"选项处于选中状态，如图 7-21（b）所示，这样被编辑的图块以外的其他图形对象将处于锁定状态。单击"确定"按钮。此时"功能区"选项板右侧会增加一个"编辑参照"面板，如图 7-22 所示，同时命令行提示：

用 REFCLOSE 或"参照编辑"工具栏来结束参照编辑任务

此时要编辑的图块成为可编辑状态，其他图形成为背景，如图 7-23 所示，系统界面其余部分和常规图形绘制界面完全相同。

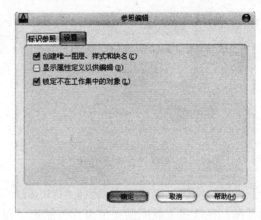

（a）"标识参照"选项卡　　　　　　　　　　　　（b）"设置"选项卡

图 7-21　"参照编辑"对话框

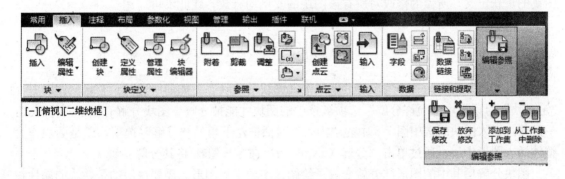

图 7-22　"编辑参照"面板

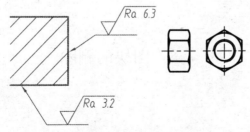

图 7-23　可编辑的图块图形和背景的对照

（2）编辑图块的图形对象，例如删去螺母的左视图。

（3）单击"编辑参照"面板中的"保存修改 📇"图标，或单击右键快捷菜单中"关闭 REFEDIT 任务"子菜单中的"保存参照编辑"。绘图区出现确认保存参照编辑的对话框，如图 7-24 所示。单击"确定"按钮。命令行显示如下信息：

正在重生成模型。

6 个对象已从 螺母 M6 中删除

2 个块实例已更新

螺母 M6 已重定义。

经图块在位编辑后的界面对照如图 7-25 所示。在位编辑了一个块实例后，图形中的所有图块实例将随之更新。

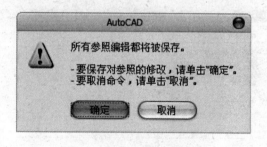

图 7-24　确认保存参照编辑

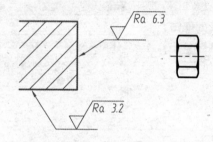

图 7-25　在位编辑结束后图块图形和背景的对照

编辑图块还可以利用块编辑器（BEdit）命令，块编辑器包含一个特殊的像绘图区一样的界面，在这里可以绘制和编辑几何图形，保存当前的块定义或者用新名称将当前图块保存成另一个图块。关闭此界面可以使用绘图区鼠标右键的快捷菜单或者"块编辑器"选项卡最右侧的"关闭"面板中的"关闭块编辑器命令"。利用块编辑器对图块进行编辑可以实现对图块的重新定义，所做的修改对所有该图块的实例均有效，在此不再详述。

7.7　图块的分解

分解图块是将作为整体的图块分解成定义图块前的状态。如前所述，只有定义图块时在"定义块"对话框中"允许分解"选项被选中的图块才能被分解。图块分解有以下两种方式：一是通过插入图块时选中图 7-8 中的"插入"对话框左下角的"分解"选项；二是图块作为整体插入图形中后，通过单击"分解（eXplore）"命令按钮 🖧 将其分解。

图块分解后其中的图形部分就变成了绘图区中的常规图形。需要说明的是，块的属性在图块分解后将成为独立的属性，不能再作为图块属性进行编辑，所赋给的属性值也无法显示。

7.8　图块的删除

1. 命令功能

绘图过程经常会出现所定义的图块并没有用到的情况，希望删除这些图块，使图形文件条理清晰，减小文件所需的存储空间。"清理（PUrge）"命令用来清除图形文件中已经设置但却没有使用的项目如文字样式、标注样式、图层、线型、块等。此命令只可清理在文件中定义的内部块，对于用"写块"命令创建的已经成为单独的图形文件的外部块，如不再使用则将其删除即可。

启动"清理"命令可以使用"文件"菜单中"图形实用工具"子菜单中的"清理"命令，如图 7-26 所示；或在命令行输入命令名。

2. 操作方法

（1）单击图 7-26 中的"清理"命令按钮🖳，打开如图 7-27 所示的"清理"对话框。

（2）展开"所有项目"列表下的"块"，会看到在文件中创建的且并未使用的内部块名称。

（3）选中"确认要清理的每个项目"选项，可以逐一确认每个要清理的项目，避免发生误删某个项目。

（4）单击"清理"对话框左下角的"清理（P)"按钮，系统打开"清理—确认清理"对话框，如图 7-28 所示，以"清理此项目"按钮回答系统关于"是否清理"的提示，完成清理。

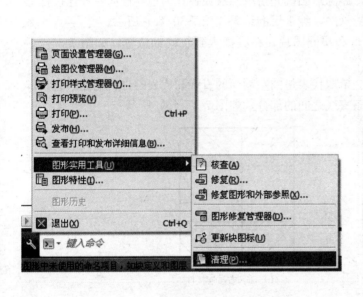

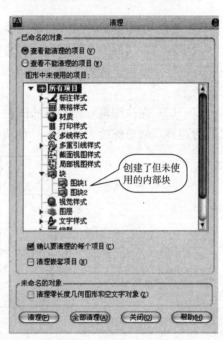

图 7-26　"清理"命令在菜单中的位置　　　　　　图 7-27　"清理"对话框

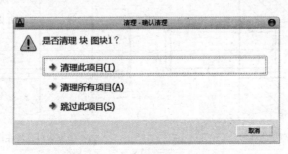

图 7-28　确认清理某个块项目

7.9 综合演示

完成图 7-29 所示的螺栓连接。

（1）事先绘制好左被连接件、右被连接件、六角头螺栓、垫圈和螺母，分别将其创建成外部块或分别保存成独立的文件。

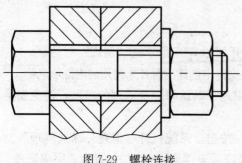

图 7-29　螺栓连接

（2）新建一个图形文件。通过"插入"命令调入左被连接件、右被连接件和六角头螺栓图块并将其依次放置在正确的位置，如图 7-30（a）、图 7-30（b）和图 7-30（c）所示。

（3）在位编辑右被连接件图块。鼠标左键拾取右被连接件，单击鼠标右键快捷菜单中的"在位编辑块"命令，删除其点画线并拾取螺纹大径作为边界修剪右被连接件上代表左、右端面的直线，如图 7-30（d）所示。

（4）在位编辑左被连接件图块，删除点画线并拾取螺纹大径作为边界修剪左被连接件上代表左、右端面的直线。方法同步骤（3），编辑后的结果如图 7-30（e）所示。

（5）通过"插入"命令调入螺母和垫圈图块，将其插入到正确的位置，如图 7-30（f）所示。

（6）在位编辑六角头螺栓图块。拾取代表垫圈左端面的直线和代表螺母右端面的直线作为边界，修剪螺栓大径和小径在两条直线之间的部分，如图 7-30（g）所示。

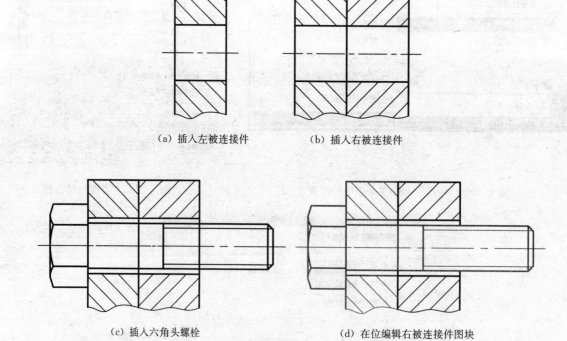

（a）插入左被连接件　　　　　（b）插入右被连接件

（c）插入六角头螺栓　　　　　（d）在位编辑右被连接件图块

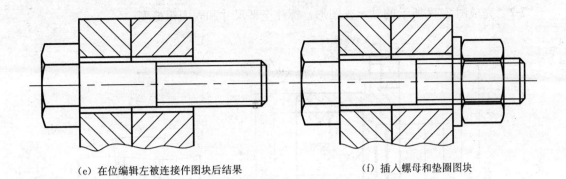

（e）在位编辑左被连接件图块后结果　　　　　（f）插入螺母和垫圈图块

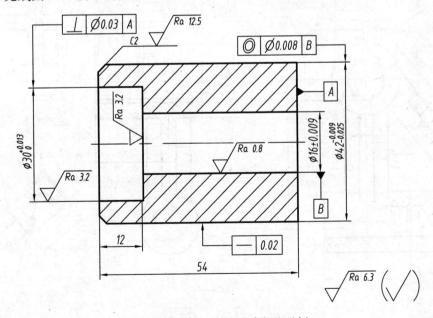

（g）在位编辑螺栓

图 7-30　用在位编辑命令完成螺栓连接

7.10　上机实践

7-1　完成图 7-31 所示的图形，标注全部尺寸，标注表面粗糙度和几何公差。

图 7-31　零件图技术要求标注示例

7-2 完成图 7-32 所示的轴承盖图形，标注全部尺寸和表面粗糙度。

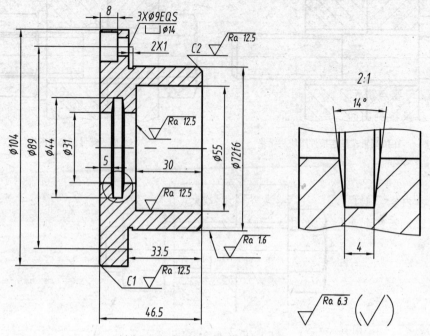

图 7-32　轴承盖的标注示例

7-3 完成图 7-33 所示支架的图形，标注全部尺寸，合理使用各种零件表面粗糙度的标注形式。

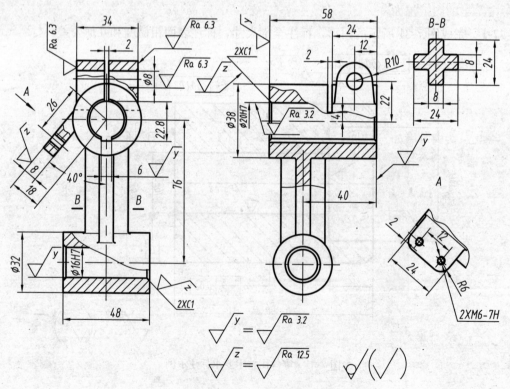

图 7-33　综合使用各种表面粗糙度的标注形式

第8章 绘制零件图与拼画装配图

本章学习要点提示

1. 具备机械制图的基本知识，了解零件图和装配图的内容和作用，熟练掌握绘制图样的方法和步骤。

2. 使用 AutoCAD 绘制零件图和拼画装配图可以使绘图更加方便、快捷、精确。

3. 运用前面章节所学的各种命令操作和作图技巧，总结绘图方法和经验。

4. 本章内容：创建模板图、绘制零件图、拼画装配图。

5. 作图技巧：利用"正交"和"复制"命令填写明细栏，再双击左键进行修改。

8.1 零件图的绘制

零件图是加工制造零件的依据，它包括四项内容：一组图形、全部尺寸、技术要求和标题栏。本节重点介绍利用 AutoCAD 完成完整零件图的绘制过程。

8.1.1 创建零件图样板

在绘制零件图时，要根据零件大小、复杂程度和所用比例，选用符合国家标准《机械制图》中给出的图纸幅面，设置所需图层信息和符合国家标准要求的线型、字体、文字样式、尺寸样式等绘图环境，并保存成模板图以备反复调用，提高绘图效率。

1. 新建一个绘图文档

在命令窗口中输入命令"NEW"后按 Enter 键；或单击"标准"工具栏上的"新建"按钮□；或"文件"下拉菜单中的"新建"。操作后弹出"选择样板"对话框，如图 8-1 所示，在此对话框中做如下操作。

图 8-1 "选择样板"对话框

（1）文件名：键盘输入"A3样板图"。

（2）文件类型（T）：在此选项中选择"图形（*.dwg）"，如图8-2所示。

（3）打开(0)：单击按钮后面的下拉选项，选择"无样板图打开-公制（M）"，如图8-3所示。

完成上述操作后系统进入 AutoCAD 初始界面。

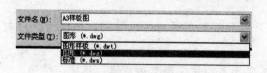

图 8-2 "文件类型"选项　　　　　　　　　图 8-3 "打开"方式选项

2. 设置图层信息：颜色、线型、线宽

一张完整的零件图包含有视图、文字、尺寸标注、剖面符号、技术要求等。其中视图是由不同线宽和线型的图线来表达，如粗实线、点画线、虚线、波浪线等。所以要设置多个图层以满足绘制图样中的不同信息，也便于编辑和修改。图层设置合理可以使绘图和编辑更加方便和快捷，大大提高绘图效率。图层数量和每个图层的颜色、线型、线宽等信息，如图8-4所示，具体设置步骤参见第2章第3节。

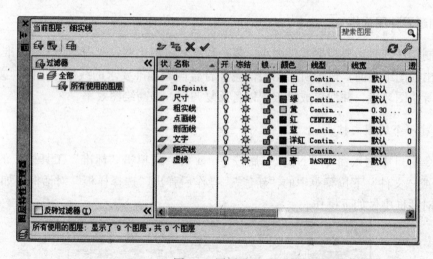

图 8-4 图层设置

3. 设置文字样式

国家标准 GB/T 14691—1993 中规定，汉字字体应设为"T 仿宋-GB2312"，如图8-5所示。字母与数字字体应设为"isocp.shx"，如图8-6所示。具体设置过程参见第5章第1节。

4. 设置尺寸标注样式

打开"标注样式管理器"对话框，根据所绘制图样尺寸标注类型的不同，新建多种样式如图8-7所示。在国家标准 GB/T-4458.4-2003 中规定了尺寸要素的标注方法，如线

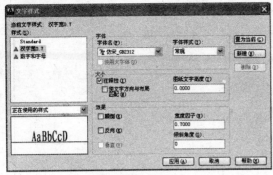

图 8-5　汉字的设置

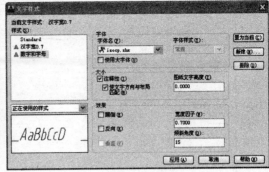

图 8-6　字母与数字的设置

（尺寸线、尺寸界线）、符号和箭头、文字、调整、主单位等选项卡中各参数的选取和设置。不同的标注样式要按国家标准要求设置相应参数，选取相关选项。如"角度"型尺寸标注样式文字要保持水平书写、"前缀ϕ线性标注"样式要在"主单位"选项卡中"前缀（S）"后面的框格中输入"%%c"等等。尽可能地将尺寸样式设置齐全，以保证尺寸标注的顺利进行。尺寸标注样式和图层设置都可以在绘图过程中增添新样式。尺寸标注样式的设置过程详见第 6 章。

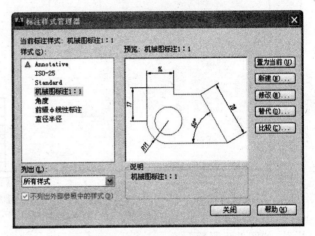

图 8-7　标注样式设置

5. 绘制样板图

绘制标准 A3 图幅样板图，如图 8-8 所示。

用细实线绘制标准 A3 图幅外框，长 420，宽 297。

（1）选择"细实线"图层作当前层。

（2）单击"矩形"按钮 □，命令行提示进入绘制矩形状态。

（3）命令：_rectang

指定第一个角点或 ［倒角（C）/标高（E）/圆角（F）/厚度（T）/宽度（W）］：0，0✓

（4）指定另一个角点或 ［面积（A）/尺寸（D）/旋转（R）］：420，297✓

用粗实线绘制标准 A3 图幅内框，按留装订边绘制。

（5）选择"粗实线"图层作当前层。

（6）单击"矩形"按钮 □，命令行提示进入绘制矩形状态。

（7）命令：_rectang

指定第一个角点或 ［倒角（C）/标高（E）/圆角（F）/厚度（T）/宽度（W）］：25，5✓

（8）指定另一个角点或 ［面积（A）/尺寸（D）/旋转（R）］：415，292✓

将标准标题栏插入到当前图中。

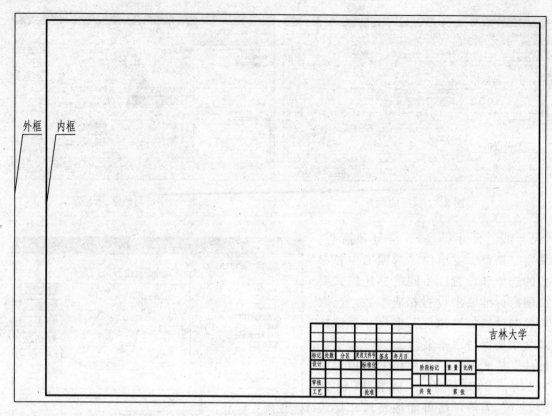

图 8-8　A3 图框与标题栏

（9）单击"打开"按钮 ，弹出"选择文件"对话框，打开已经绘制完成的"标题栏"，如图 8-9 所示。

标记	处数	分区	更改文件号	签名	年月日		吉林大学	
设计			标准化			阶段标记	重量	比例
审核								
工艺			批准			共 张		第 张

图 8-9　标准标题栏

（10）单击"创建块"按钮 ，将标题栏创建为块，块名为"标题栏"，如图 8-10 所示。

（11）单击"块编辑器"按钮 ，进入编辑块的状态，单击"将块另存为"按钮 ，弹出"将块另存为"对话框，如图 8-11 所示。在对话框中选择已创建的块"标题栏"，勾选对话框下面的"将块定义保存到图形文件"，单击"确定"按钮，弹出"浏览图形文件"对话框，如图 8-12 所示。在对话框中给出图形文件的保存路径，将文件保存在"模板图"文件夹中，名称为"标题栏块"，单击"保存"按钮。完成此操作后，这个"块"就是一个独立的图形文件了，可以在其他图形文件中以"块"的形式被"插入"。

提示：运行"写块（wblock）"命令也可以"将块保存到图形文件"，实现在其他图形文件中以"块"的形式被"插入"的目的。

（12）在 A3 图幅文档中，单击"插入块"按钮🔲，弹出"插入"对话框，如图 8-13 所示。在对话框中单击"浏览"按钮，弹出"选择图形文件"对话框，按保存路径找到"标题栏块"，单击"打开"按钮，回到"插入"对话框。设置此对话框中各参数后，单击"确定"按钮，按步骤完成图块插入。

（13）完成图 8-8 所示的标准 A3 图幅的样板图。将此文件保存到指定路径下"模板图"文件夹中。

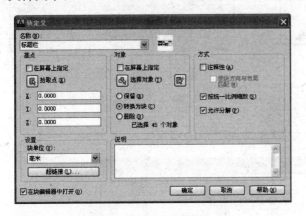

图 8-10　"块定义"对话框图

图 8-11　"将块另存为"对话框

图 8-12　"浏览图形文件"对话框

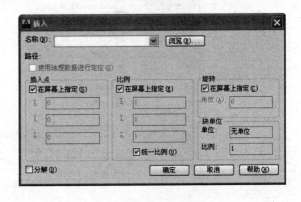

图 8-13　"插入"对话框

6. 保存为样板文件

选择"文件"下拉菜单中的"另存为"，或单击"另存为"按钮🔲，弹出"图形另存为"对话框，如图 8-14 所示。在"文件类型"下拉列表框中选择"AutoCAD 图形样板文件（*.dwt)"，在"文件名"下拉列表框中输入"样板图 A3"。按下"保存"按钮，弹出"样板选项"对话框，如图 8-15 所示。在该对话框中输入"样板图 A3 横放"，单击"确定"按钮，完成样板图的保存。创建的"样板图 A3"自动保存在 AutoCAD 的"Template"文件夹中，成为本机系统文件，供反复调用。

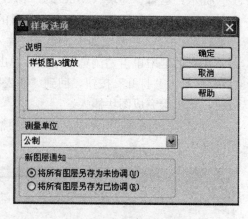

图 8-14　"图形另存为"对话框图　　　　　图 8-15　"样板选项"对话框

7. 启用样板图

（1）启动 AutoCAD 弹出"选择样板"对话框，如图 8-16 所示。

图 8-16　调用样板图

（2）"文件类型"下拉列表框中选择"图形样板（∗.dwt）"。

（3）在"名称"区域鼠标单击"样板图 A3"，"文件名"下拉列表框中显示"样板图 A3"。

（4）单击"打开"按钮，进入绘图状态，此时绘图区显示如图 8-8 所示的标准 A3 图幅。

（5）将打开的"样板图 A3"按指定路径中指定文件夹以新的文件名另存，开始绘制新图。

提示 1：创建其他规格的图纸样板时，可在创建好的 A3 图纸样板基础之上，通过重新设置图幅尺寸、留边尺寸、标题栏和设置各项参数完成。不必再进行烦琐的设置，可节省大量时间，提高工作效率。

提示 2：将绘制的各种图幅的"样板图"和"另存的图块"以（∗.dwg）形式保存在一

个文件夹中，可以通过移动存储器转移到其他机器使用，注意每次打开模板文件后直接以新文件名另存，以保持原有样板图的信息。

8.1.2 绘制零件图的步骤

用 AutoCAD 绘制零件图和手工绘图的步骤基本相同，即选图幅、画图形、标注尺寸、注写技术要求和填写标题栏。下面以图 8-17 为例说明绘制零件图的步骤。

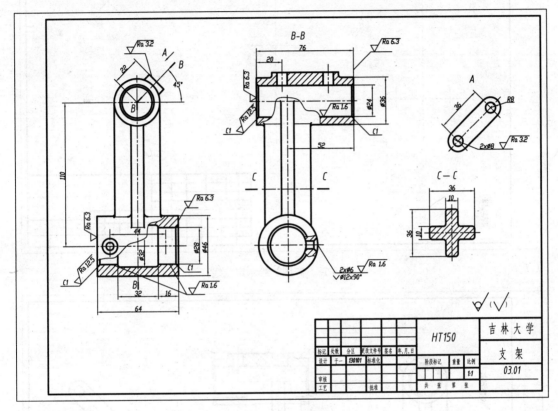

图 8-17 支架零件图

(1) 根据零件大小、复杂程度，确定选用 1：1 比例绘制工程图，所需图纸幅面为 A3 图幅。

(2) 启用"样板图 A3"，另存为文件名"支架"。开始绘制新图。

(3) 布图。根据零件特征选择表达方法和视图数量，绘制定位线如图 8-18 所示。

(4) 绘制视图如图 8-19 所示。

(5) 标注全部尺寸和视图标记：线性尺寸（如 110、76 等）、加前缀 ϕ 的线性尺寸（如 $\phi46$、$\phi28$ 等）、角度型尺寸（如 $45°$）、引线标注（如倒角 C1），如图 8-20 所示。

(6) 将已生成的"粗糙度"图块插入适当位置，如图 8-21 所示。完成图中技术要求部分的内容。

(7) 正确填写标题栏，完成全图，如图 8-17 所示。

(8) 保存文件。

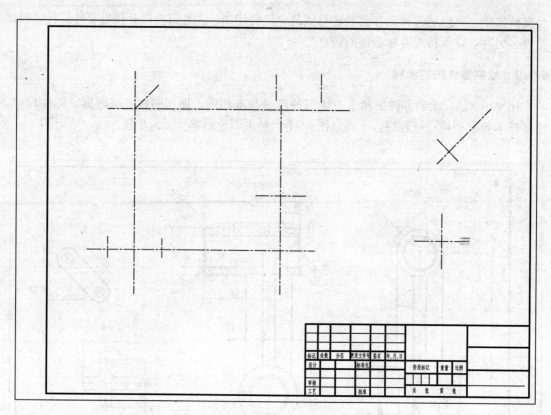

图 8-18 布图、绘制定位线

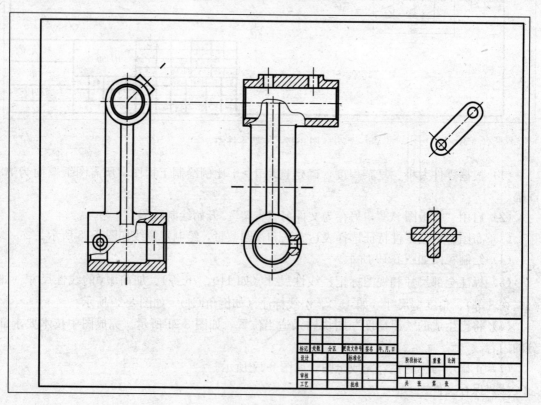

图 8-19 绘制视图

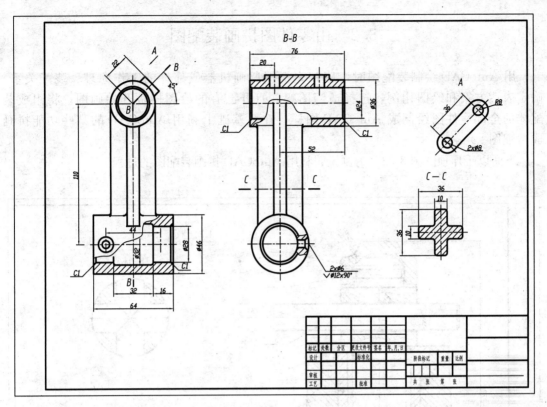

图 8-20　标注尺寸和视图标记

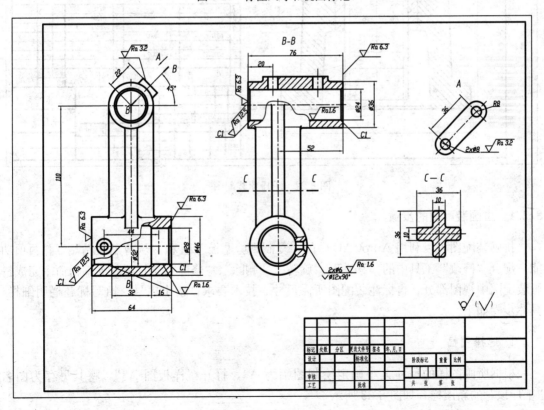

图 8-21　注写技术要求

8.2　由零件图拼画装配图

用 AutoCAD 绘制装配图时，应首先根据所画机器或部件的工作原理、装配关系、确定表达方案和绘图比例，选择适当图幅，打开已有的绘图样板开始画图。将组成装配体的全部零件图绘制成 AutoCAD 图样，在此基础上利用 AutoCAD 的某些功能拼画成装配图。

下面以千斤顶（图 8-22）为例说明利用 AutoCAD 拼画装配图的过程。

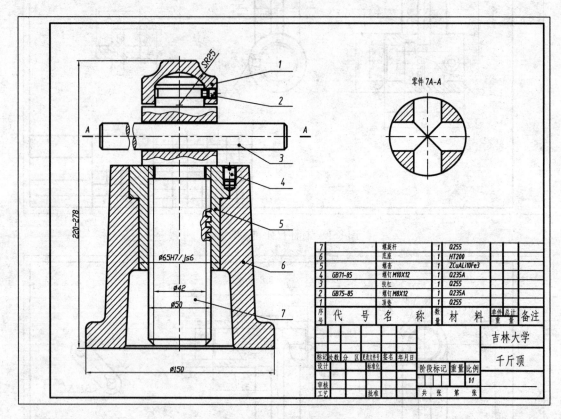

7		螺旋杆	1	Q255		
6		底座	1	HT200		
5		螺套	1	ZCuALi10Fe3		
4	GB71-85	螺钉M10X12	1	Q235A		
3		铰杠	1	Q255		
2	GB75-85	螺钉M8X12	1	Q235A		
1		顶垫	1	Q255		

图 8-22　千斤顶装配图

8.2.1　拼画装配图的步骤

拼画装配图可以利用 AutoCAD 中的"复制到剪贴板"和"从剪贴板粘贴"两项功能，配合"修改"工具中的"移动"、"旋转"、"删除"、"修剪"、"打断"等编辑命令完成拼画装配图中视图部分，再标注装配图所需尺寸、技术要求，给出序号，填写标题栏明细栏。具体步骤如下。

1. 选择图幅

根据所画图样的尺寸大小确定绘制图幅为 A3，打开"样板图 A3"，将其另存为图名"千斤顶"的新图样，如图 8-23 所示。

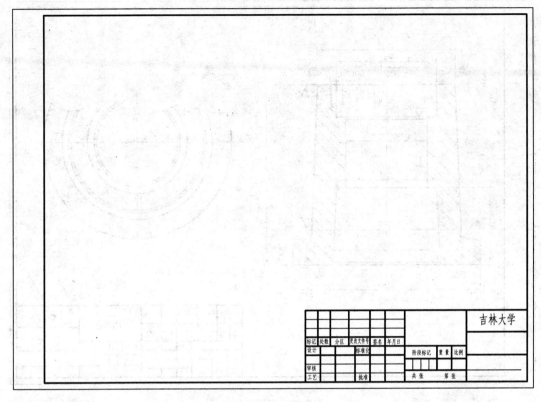

A table/title block at bottom right:

					吉林大学	
标记	处数	分区	更改文件号	签名 年月日		
设计			标准化		阶段标记	重 量 比例
审核						
工艺			批准		共 张	第 张

图 8-23　A3 样板图

2. 打开文件

　　将指定路径下"千斤顶"文件夹中已绘制好的千斤顶零件图（底座、螺旋杆、螺套、顶垫、绞杠及两个螺钉）逐一打开，如图 8-24 所示（打开的零件图见图 8-26～图 8-32）。此时打开零件图都重叠在当前"显示窗口"之下，单击"窗口"下拉菜单即可看到全部已打开文件的列表，如图 8-25 所示，鼠标单击某图形文件，则该文件切换为当前"显示窗口"，在其他文件窗口之上。如单击"1 底座 .dwg"，则图 8-26 所示的"底座"图样成为当前"显示窗口"，在屏幕上为可见图样。也可以单击 AutoCAD 界面左上角的菜单浏览器按钮，显示已经打开的全部文件列表，在此实现当前"显示窗口"的切换。

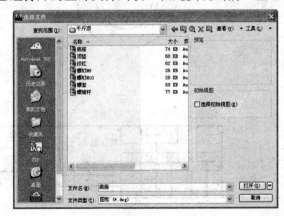

图 8-24　打开文件　　　　　　　　　图 8-25　打开文件列表

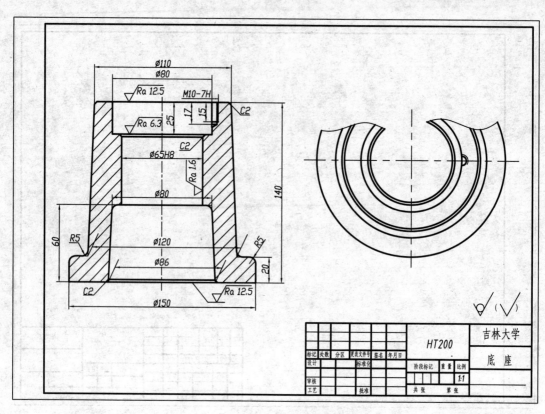

图 8-26　底座零件图

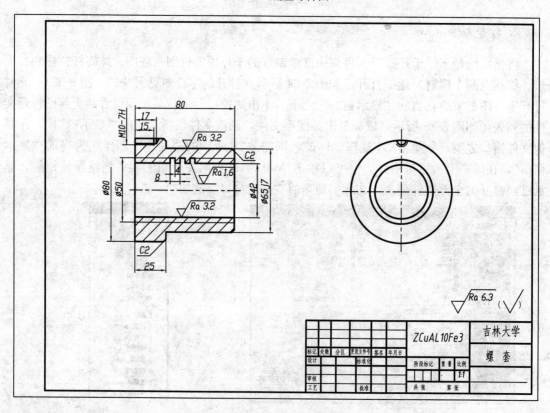

图 8-27　螺套零件图

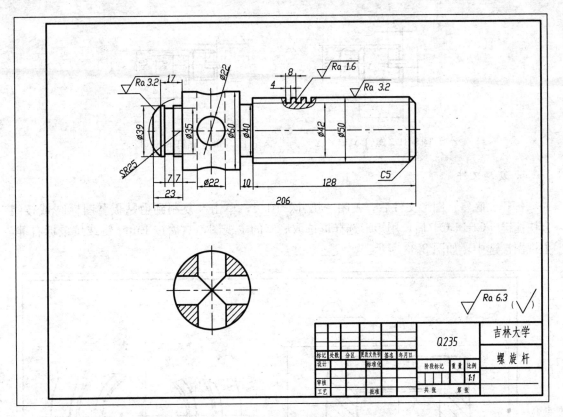

图 8-28 螺旋杆零件图

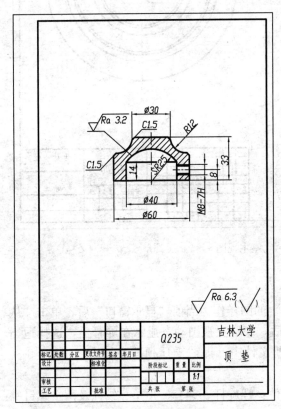

图 8-29 顶垫零件图

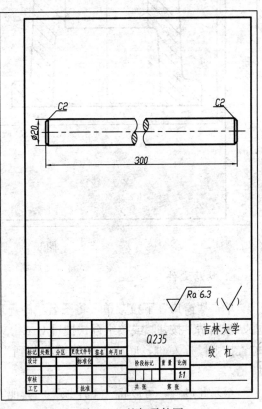

图 8-30 绞杠零件图

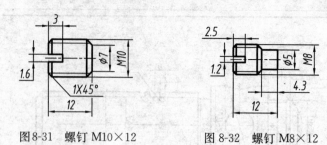

图8-31　螺钉 M10×12　　　　　图 8-32　螺钉 M8×12

3. 复制文件

打开"底座"图形文件后，关闭"尺寸"图层，单击"复制到剪贴板"图标 或按组合快捷键〔Ctrl＋C〕后，用矩形选择框选取底座的主视图，然后按 Enter 键或按鼠标右键，主视图被选中，如图 8-33 所示。

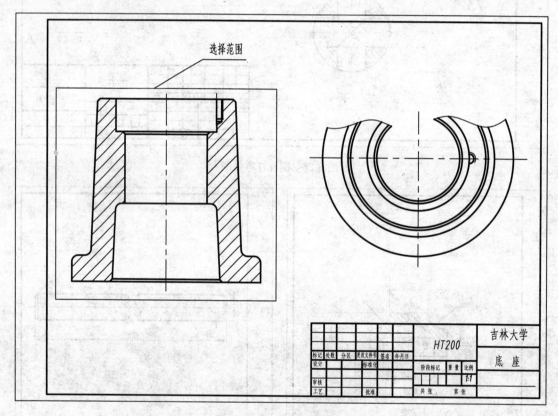

图 8-33　复制底座主视图

4. 粘贴文件

单击"窗口"下拉菜单，将图名"千斤顶"的图样作为当前"显示窗口"后，单击"从剪贴板粘贴"按钮 或按组合快捷键 Ctrl＋V 后，底座主视图动态显示在屏幕上，选择适当位置按下鼠标左键，底座主视图被粘贴到当前文件中（即"千斤顶"文件中），如图 8-34 所示。

重复此过程，可以将"千斤顶"的其他零件：螺旋杆、螺套、顶垫、绞杠及两个螺钉等需要的视图图形依次粘贴到"千斤顶"文件中，如图8-35所示。

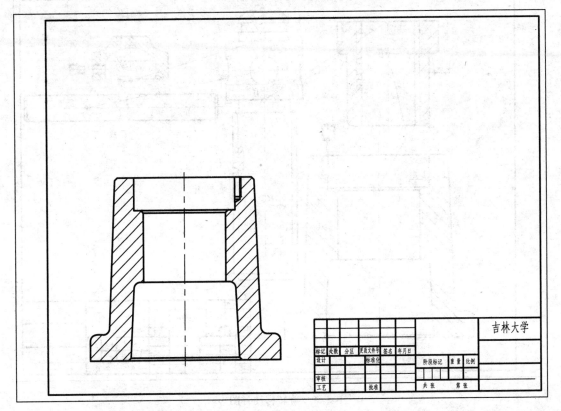

图 8-34　粘贴底座主视图

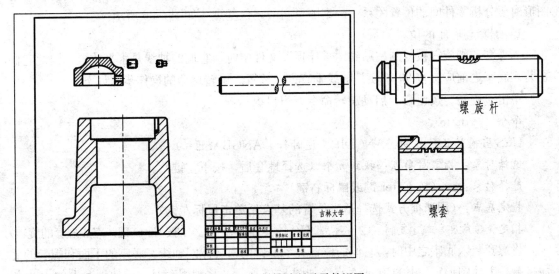

图 8-35　复制粘贴所需零件视图

5. 旋转、移动图形

粘贴过来的螺套和螺旋杆在装配关系中的位置与零件图表达时方位不同，所以要对这两个图样进行旋转，使轴线处于垂直方向，两个螺钉方向也需要调整，之后将其移动到图框中适当位置以利于完成拼装，如图8-36所示。

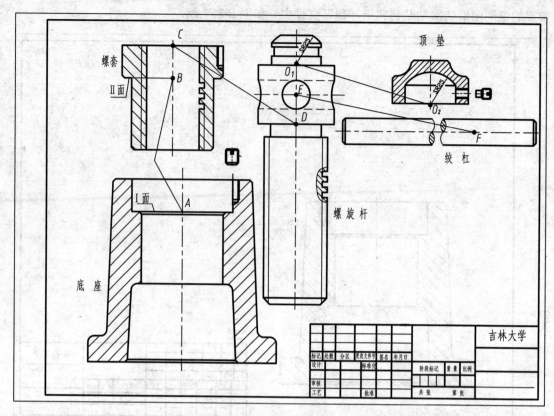

图 8-36　旋转移动各图形

根据零件之间的位置关系，利用"旋转"、"移动"等命令对图形位置进行编辑。在移动图形时要分析零件间的位置关系，确定图形间的定位基点，如图 8-36 所示。

1）螺套与底座的位置关系

当螺套和螺旋杆被复制粘贴到"千斤顶"文件中时，它们的轴线是水平放置，因此它们在装入底座之前应旋转 $90°$，使其轴线垂直方向放置。旋转螺套的操作步骤如下：

单击"旋转"按钮⟳，启动旋转命令，窗口提示：

命令：_rotate

UCS 当前的正角方向：ANGDIR＝逆时针　ANGBASE＝0

选择对象：指定对角点：找到 n 个（选择螺套后，按下左键）

选择对象：↙（按 Enter 键或鼠标右键）

指定基点：（用捕捉方式选择适当位置的基点后单击鼠标左键）

指定旋转角度，或 ［复制（C）/参照（R）］＜0＞：−90 ↙（按 Enter 键，完成螺套的旋转）

将螺套装入底座之中时，它们的位置关系是：两回转体同轴线、底座的 Ⅰ 面和螺套的 Ⅱ 面接触，因此图形定位基点应是 A 点，如图 8-36 所示。移动螺套时，应使螺套上的 B 点与底座上的 A 点重合。移动螺套的操作步骤如下：

单击"移动"按钮✛，启动移动命令，窗口提示：

命令：_move

选择对象：指定对角点：找到 n 个（选择"螺套"的全部信息，如图 8-37 所示）

选择对象：↙（按 Enter 键或鼠标右键）

指定基点或［位移（D）］＜位移＞：捕捉图 8-36 中螺套上的 B 点后，螺套呈动态显示

指定第二个点或 ＜使用第一个点作为位移＞：移动鼠标，捕捉底座上的 A 点后按下左键，完成螺套的移动，如图 8-37 所示。

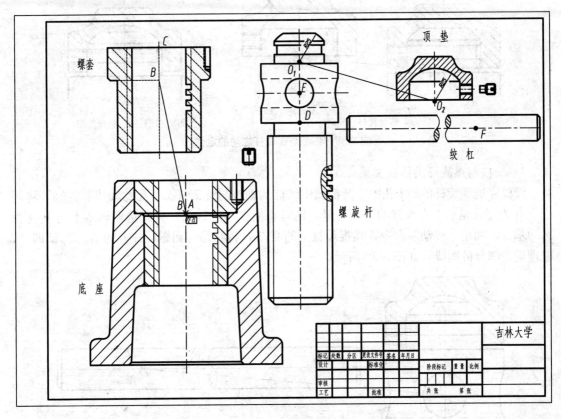

图 8-37　螺套的移动

2）螺旋杆与螺套的位置关系

螺旋杆相对螺套的位置关系是两回转体同轴线，内外螺纹旋合后使两件平面接触，因此螺旋杆与螺套之间的定位基点是螺套上的 C 点，移动时螺旋杆上的 D 点与螺套上的 C 点重合，如图 8-36 所示。其移动过程与螺套的移动过程相同。

3）顶垫与螺旋杆的位置关系

顶垫与螺旋杆之间的位置关系是球面与球面接触，因此它们之间的定位基点是螺旋杆上的 $SR25$ 的球心 O_1 点，移动顶垫时捕捉顶垫上 $SR25$ 的球心 O_2 点为"指定基点"，再捕捉螺旋杆上 $SR25$ 的球心 O_1 点为"指定第二点"，使两者的球心重合，如图 8-36 所示。具体操作步骤如下：

单击"移动"按钮✥，启动"移动"命令；

命令：_move

选择对象：指定对角点：找到 n 个（选择"顶垫"的全部信息）

选择对象：↙（按 Enter 键或鼠标右键）

指定基点或［位移（D）］＜位移＞：单击"捕捉圆心"按钮◎后，将十字光标移到"顶垫"中的 $SR25$ 的圆弧上，圆心标记出现时，按下左键（此时"顶垫"呈动态显示）；

指定第二个点或 ＜使用第一个点作为位移＞：单击"捕捉圆心"按钮◎后，拖动"顶

垫"，将十字光标＋移到"螺旋杆"中的 SR25 的圆弧上，圆心标记出现后，按下左键，完成"顶垫"的移动，如图 8-38 所示。

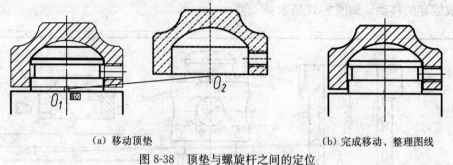

(a) 移动顶垫　　　　　　　　　　　(b) 完成移动、整理图线

图 8-38　顶垫与螺旋杆之间的定位

4) 绞杠与螺旋杆的位置关系

绞杠穿进螺旋杆的φ22 孔中，装配图中绞杠的轴线与螺旋杆φ22 孔的轴线要同轴，将圆心 E 作为定位基点，在绞杠的适当位置，用对象捕捉（最近点）方式选取轴线上的 F 作为移动基点，利用"移动"命令，捕捉绞杠上的交点 F 将其移动到螺旋杆上的圆心点 E 即可，整理重叠部分的图线，如图 8-39 所示。

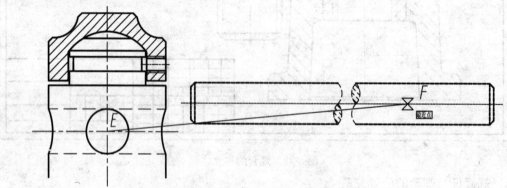

图 8-39　绞杠与螺旋杆之间的定位

5) M8 螺钉与螺旋杆的位置关系

M8 螺钉沿着顶垫 M8 螺孔的轴线方向旋进，该螺钉的作用是防止顶垫脱落，但 M8 螺钉的圆柱端面又不能与螺旋杆φ35 的圆柱面顶死，否则螺旋杆转动时，顶垫会随之转动，千斤顶工作时，就会增加摩擦阻力，甚至无法工作。因此 M8 螺钉的圆柱端面与螺旋杆φ35 的圆柱面应留有一定的间隙（画图时留 1mm 间隙）。它们的定位基点应为交点 A。确定交点 A 的操作步骤如下：

做辅助线，确定定位点 A。利用"偏移"命令将φ35 的圆柱面右端 7mm 长的竖直转向线向右偏移 1mm，延长顶垫螺纹孔中心线与之相交于点 A，如图 8-40（a）所示。

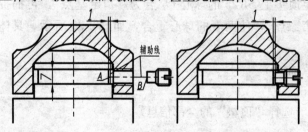

(a) 作辅助线，确定定位点 A　　　(b) 完成螺钉移动

图 8-40　M8 螺钉与螺旋杆之间的定位

利用"移动"命令，将螺钉以 B 为基点移到螺旋杆上的基准点 A，使 A、B 两点重合，

完成移动。整理图线如图 8-40（b）所示。

6）M10 螺钉与底座和螺套的位置关系

M10 螺钉的作用是将底座和螺套连接在一起。M10 螺钉旋入后，其顶面应低于底座上表面。画图时螺钉顶面与底座上表面在同一平面上即可，因此它们的定位基点为 M10 螺孔轴线与底座上表面的交点 A，如图 8-41（a）所示。利用移动命令使 B 点与 A 点重合，如图 8-41（b）所示。最后整理多余图线，内外螺纹旋合后粗线和细线重叠问题要注意，整理时要检查确认细线位置不要有粗线重叠，整理后如图 8-41（c）所示。

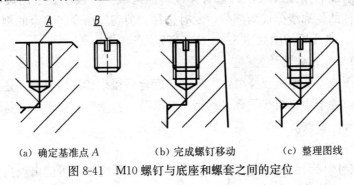

(a) 确定基准点 A　　　(b) 完成螺钉移动　　　(c) 整理图线

图 8-41　M10 螺钉与底座和螺套之间的定位

6. 编辑修改图形

将图形按装配关系拼画在一起时，有不可见的图线需要删除或修剪，粗线细线重叠在一起的图线需要整理，有些在移动拼画过程中及时整理，如图 8-38（b）、图 8-40（b）、图 8-41（c）所示，也可以到最后整理，如图 8-43 所示。此时应根据零件间的前后位置关系，综合利用"修剪"、"延伸"、"打断"、"特性修改"等命令对图形进行编辑修改，多余的图线删掉，缺少的图线补齐，另外还要注意图层和线型的变化。

以图 8-42 所示为例对图形进行整理。

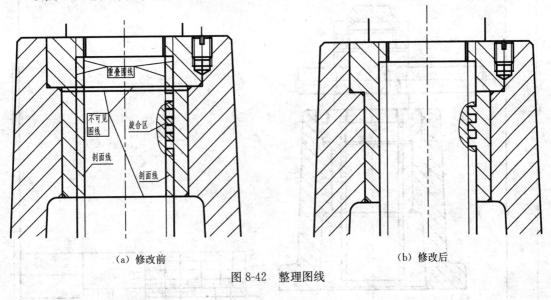

(a) 修改前　　　　　　　　　　　　　(b) 修改后

图 8-42　整理图线

1）整理剖面线

图形重叠后，断面轮廓内可能会有其他图线存在，如图 8-42（a）所示。断面区域发生变化，此时应用合适的命令对其进行修改。修改过程是：

单击"分解"命令图标📑;

命令：_explode

选择对象：（单击剖面符号）

选择对象：指定对角点：找到 n 个

选择对象：↙（按 Enter 键或鼠标右键）

剖面线被分解成若干条线段，而且与穿过断面区域的线段相交成两段，如图 8-42（a）中剖面线被螺旋杆的轮廓线分成两部分，此时选择"剪切"命令将多余的剖面线剪掉，如图 8-42（a）中所示。修改后的图如图 8-42（b）所示。

2）整理不可见和重叠图线

有不可见的图线需要删除或修剪，内外螺纹旋合后粗线和细线重叠问题要注意，整理时要检查确认细线位置不要有粗线重叠，利用"删除"、"打断"、"修剪"、"特性修改"等编辑命令完成图线整理。修改后的图如图 8-42（b）所示。

3）整理旋合区图线

矩形螺纹旋合区局部剖视部分有两个零件的螺纹齿形叠加，可能出现齿形错位，将多余的图线删除。调整剖切范围使局部剖视齿形完整合理，为此要调整样条曲线的位置。最后整理旋合区剖面线。修改后的图如图 8-42（b）所示。

修改前的装配图如图 8-43 所示，修改后如图 8-44 所示。

修改图形是一项耐心细致的工作，在实践中应灵活运用各种编辑修改命令并不断总结经验，探索更多的技巧，提高绘图速度。

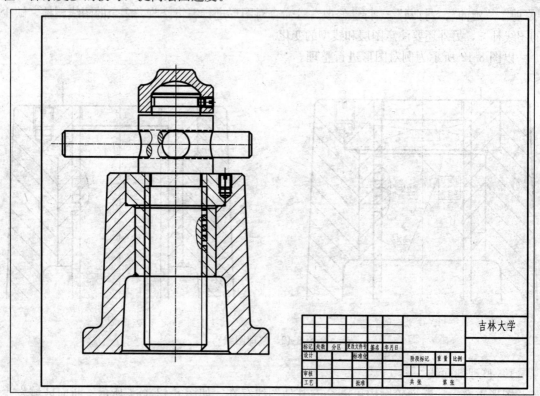

图 8-43　修改前的装配图

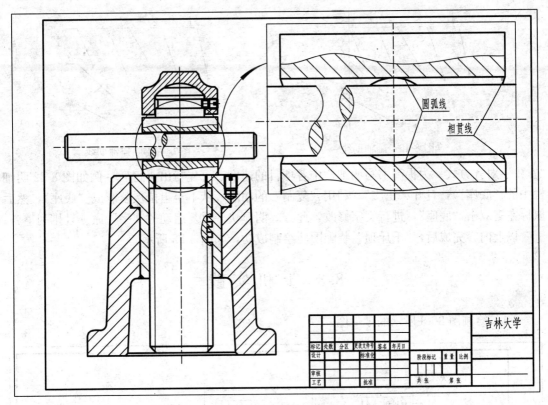

图 8-44　修改后的装配图

7. 标注尺寸

图形绘制完成后，按照装配图中尺寸标注的要求，选择合适的尺寸标注样式，注全尺寸，如图 8-22 所示。

8. 编写序号

利用引线（Qleader）和多重引线（Mleader）命令均可编写序号。引线设置如图 8-45 所示，具体参数设置请参考 6.2 节，在"附着"标签中最下面的项目"最后一行加下划线（U）"勾选☑。

绘制引线时，应利用辅助线使序号引线排列整齐，水平方向的序号线绘制一条水平线作为辅助线，竖直方向的序号线绘制一条竖直线作为辅助线，然后将序号线引至辅助线上，如图 8-46 所示。引线绘制完之后将辅助线删掉，如图 8-47 所示。

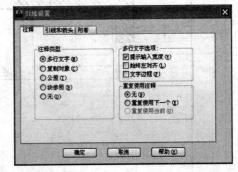

图 8-45　"引线设置"对话框

9. 填写标题栏和明细栏

标题栏和明细栏中的汉字用"仿宋-GB2312"字体书写，数字和字母用"isocp.shx"字体书写。书写序号数字时应从下向上排列。书写"名称"栏中的汉字时应利用辅助线并选择

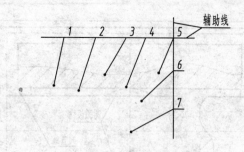

图 8-46　画辅助线

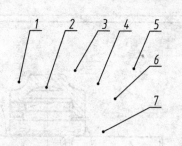

图 8-47　删掉辅助线

"左中"对齐方式。为提高书写明细栏中各项目的速度，可先写出一行后（例如图 8-22 明细栏中的"底座"），打开"正交"，利用"复制"的功能，从下至上依次复制成"底座"，然后鼠标左键双击"底座"，进行文字修改，此方式明显快于反复启动"文字"命令且排列整齐。

以上内容完成后，"千斤顶"装配图便绘制成功，如图 8-22 所示。

8.3　上机实践

8-1　绘制图 8-48 所示的零件图。

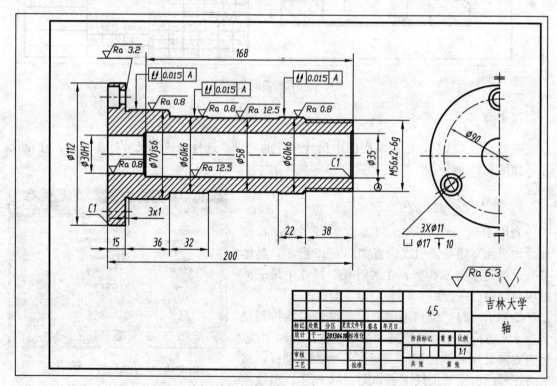

图 8-48　轴

8-2　由零件图拼装装配图。

根据下面给出的"滚轮架"的零件图，如图 8-49～图 8-54，拼画图 8-55 所示的滚轮架装配图。

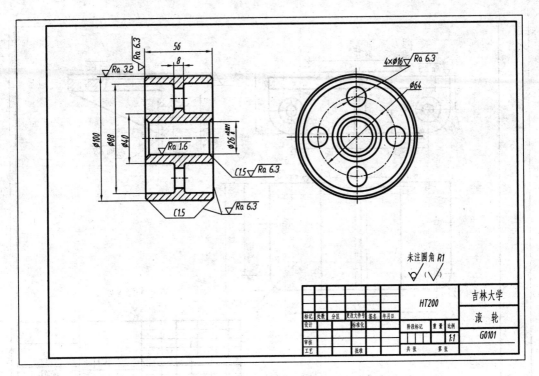

图 8-49　滚轮零件图

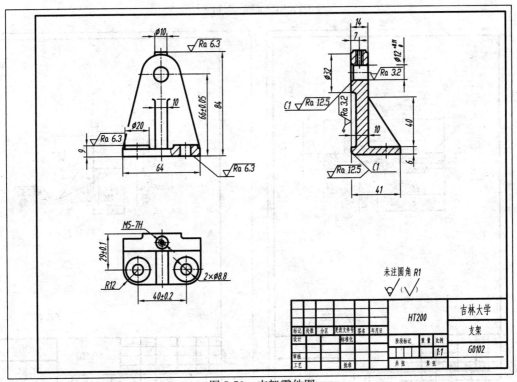

图 8-50　支架零件图

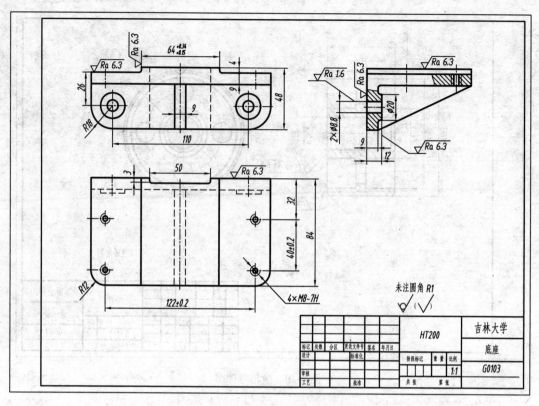

图 8-51 底座零件图

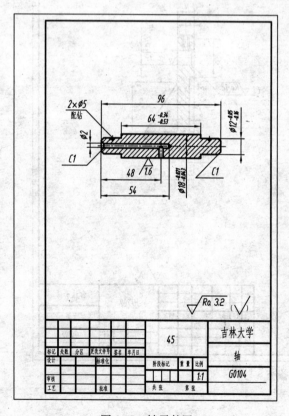

图 8-52 轴零件图

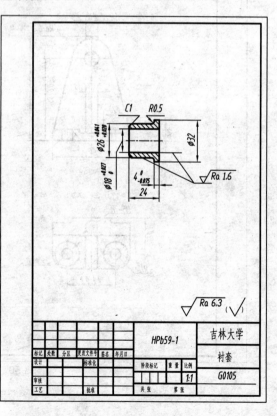

图 8-53 衬套零件图

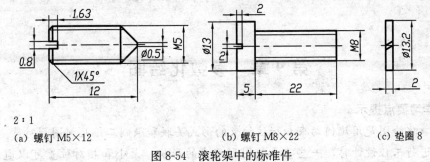

2:1

(a) 螺钉 M5×12　　　　　　　(b) 螺钉 M8×22　　　　　　(c) 垫圈 8

图 8-54　滚轮架中的标准件

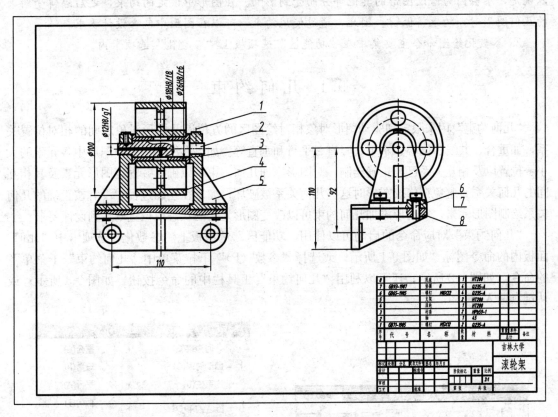

图 8-55　滚轮架装配图

第9章 参数化绘图

本章学习要点提示

1. 参数化绘图是用几何约束和标注约束的形式关联和限制二维几何图形对象。

2. 在进行工程设计时，一些重要的图形元素的形状、大小和相对位置可以通过约束加以确定，不会因为修改图形的其他部分而受到影响。在图形中设定的约束，之后编辑受约束的几何图形时，约束将保留。因此，通过使用约束，可以在图形中包含设计要求。

3. 参数化绘图命令主要集中在"功能区"选项板上"参数化"选项卡内。

9.1 几何约束

"几何约束"用来限定和驱动图形对象相对绘图区的方位以及图形对象之间的相对位置关系，如重合、共线、同心、水平、竖直、平行和垂直等。如果在绘图过程中图形中各元素的大小、位置以及相互关系已经正确绘制，对图形添加几何约束可以确认并固定图形元素及其相互间的几何关系，避免在修改图形时这些几何关系被破坏；如果在绘图过程中没有按正确的几何关系绘制图形元素，对图形添加几何约束可以改变图形元素的状态或位置以达到设计要求。

"几何约束"对应命令的启动可以使用"功能区"选项板上"参数化"选项卡中"几何"面板内的命令图标，如图9-1所示；或选择"参数（P）"下拉菜单中"几何约束"子菜单下的命令，如图9-2所示；还可以利用"几何约束"工具栏中的命令按钮，如图9-3所示；或从键盘输入命令名。

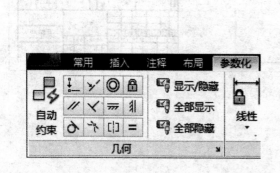

图 9-1 "几何约束"功能面板

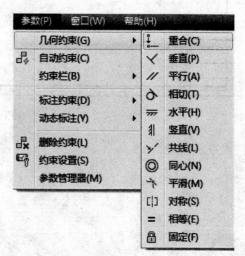

图 9-2 "几何约束"子菜单

图 9-3 "几何约束"工具栏

提示："几何约束"除"平滑约束"外，其余约束命令的执行特点是第一个选择对象不动，系统将后选择的对象移动使其与第一个选择对象产生相应的约束。

9.1.1 重合约束

1. 命令功能

重合（GCCOIncident）命令约束两个点使其重合，或者约束一个点使其位于对象或对象延长部分的某一位置，或约束交点为重合点。有效的约束点可以是两个点、直线或圆弧或多段线各段的中点或端点、圆的圆心或象限点等。

2. 操作方法

单击"参数化"选项卡中"几何"面板内的"重合"命令按钮，命令行提示：

选择第一个点或［对象（O）/自动约束（A）］＜对象＞：（拾取第一个对象上的约束点）

选择第二个点或［对象（O）］＜对象＞：（拾取第二个对象上的约束点，命令自动执行并结束，如图 9-4 所示。）

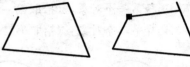

(a) 原平面图形　　(b) 约束两点重合

图 9-4　重合约束

3. 选项说明

命令行提示"选择第一点或"时选择"对象（O）"选项：当拾取的是直线时，约束一个或多个点在该直线上或在直线的延长线上；当拾取的是圆时，约束一个或多个点在圆周上。

命令行提示"选择第二点或"时选择"对象（O）"选项：约束点在对象或对象的延长线上。

"自动约束（A）"：将未受约束的一个或多个交点约束成重合约束。

9.1.2 共线约束

1. 命令功能

共线（GCCOLlinear）命令约束两条直线在同一无限长的直线上。被约束的对象可以是直线、多段线的直线段或者椭圆的长轴或短轴等。

2. 操作方法

单击"参数化"选项卡中"几何"面板内的"共线"命令按钮，命令行提示：

选择第一个对象或［多个（M）］：（拾取第一条直线）

选择第二个对象：（拾取第二条直线，命令自动执行并结束，如图 9-5 所示。）

(a) 两条直线　　(b) 约束两条直线共线

图 9-5　共线约束

3. 选项说明

"多个（M）"选项：顺次选择多条直线，使后选择的所有直线与第一条直线共线，结束命令可用空格键、Enter 键或鼠标右键。

9.1.3 同心约束

1. 命令功能

同心（GCCONcentric）命令约束圆、圆弧或椭圆具有相同的圆心。

2. 操作方法

单击"参数化"选项卡中"几何"面板内的"同心"命令按钮◎，命令行提示：
选择第一个对象：（拾取第一个圆、圆弧或椭圆）
选择第二个对象：（拾取第二个圆、圆弧或椭圆，命令自动执行并结束，如图 9-6 所示。）

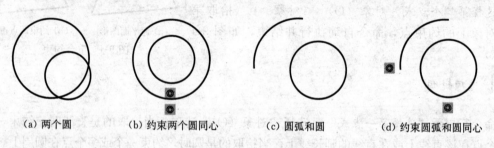

　　(a) 两个圆　　　　　　(b) 约束两个圆同心　　　(c) 圆弧和圆　　　　(d) 约束圆弧和圆同心

图 9-6　同心约束

9.1.4 固定约束

1. 命令功能

固定（GCFix）命令将所选对象锁定在相对于世界坐标系的特定位置和方向上。将固定约束应用于对象或对象上的点时，该对象或对象上的点将被锁定且不能移动。固定约束可以施加于直线、圆弧、圆、直线或圆弧的端点及中点等。

2. 操作方法

单击"参数化"选项卡中"几何"面板内的"固定"命令按钮 🔒，命令行提示：
选择点或［对象（O）］＜对象＞：（拾取一个点，命令自动执行并结束，如图 9-7（a）和图 9-7（b）所示。）

3. 选项说明

"对象（O）"选项：锁定直线、圆弧或圆等。如被约束对象是直线，则直线的方向锁定，长度可以改变；如被约束对象是圆弧或圆，则圆心位置和半径大小都不能改变，如图 9-7（c）、图 9-7（d）和图 9-7（e）所示。

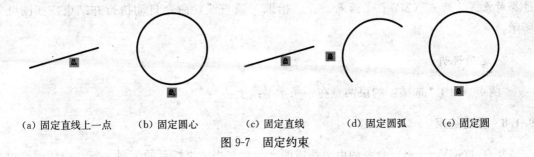

(a) 固定直线上一点　　(b) 固定圆心　　　(c) 固定直线　　　(d) 固定圆弧　　　(e) 固定圆

图 9-7　固定约束

9.1.5　平行约束

1. 命令功能

平行（GCPArallel）命令约束两条直线平行。被约束的对象可以是直线、多段线的直线段或者椭圆的长轴或短轴等。

2. 操作方法

单击"参数化"选项卡中"几何"面板内的"平行"命令按钮 //，命令行提示：

选择第一个对象：（拾取第一条直线）

选择第二个对象：（拾取第二条直线，命令自动执行并结束，如图9-8所示。）

提示：约束过程中，需要第二条直线的哪个端点不动就拾取直线上该端点所在侧。

9.1.6　垂直约束

垂直（GCPErpendicular）命令约束两条直线垂直。应用时可单击"参数化"选项卡中"几何"面板内的"垂直"命令按钮 ✓，操作方法与"平行"约束相同。图 9-9 所示为约束两条直线垂直。

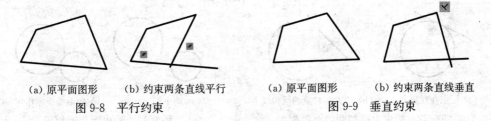

(a)原平面图形　　(b)约束两条直线平行　　　　(a)原平面图形　　(b)约束两条直线垂直

图 9-8　平行约束　　　　　　　　　　　图 9-9　垂直约束

9.1.7　水平约束

1. 命令功能

水平（GCHorizontal）命令约束直线或两点使其与当前坐标系的 X 轴平行。被约束的对象可以是直线、多段线的直线段或者椭圆的长轴或短轴等。

2. 操作方法

单击"参数化"选项卡中"几何"面板内的"水平"命令按钮 ，命令行提示：

选择对象或［两点（2P）］＜两点＞：（拾取一条直线，命令自动执行并结束，如图 9-10 所示。）

3. 选项说明

"两点（2P）"选项：约束两点在一条水平线上。

9.1.8 竖直约束

竖直（GCVertical）命令约束直线或两点使其与当前坐标系的 Y 轴平行。应用时可单击 "参数化"选项卡中"几何"面板内的"竖直"命令按钮▓，操作方法与"水平"约束相同，图 9-11 所示为约束一条直线为竖直线。

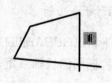

（a）原平面图形　（b）约束一条直线水平　　（a）原平面图形　（b）约束一条直线竖直
图 9-10　水平约束　　　　　　　　　　图 9-11　竖直约束

9.1.9 相切约束

1. 命令功能

相切（GCTangent）命令将两条曲线约束为保持彼此相切或其延长线保持彼此相切。

2. 操作方法

单击"参数化"选项卡中"几何"面板内的"相切"命令按钮○，命令行提示：
选择第一个对象：（拾取第一个对象）
选择第二个对象：（拾取第二个对象，命令自动执行并结束，如图 9-12 和图 9-13 所示。）

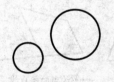

（a）切点在对象上　（b）切点在对象的延长线上　　（a）两个圆　（b）约束两个圆相切
图 9-12　约束直线和圆或圆弧相切　　　图 9-13　约束圆与圆相切

9.1.10 平滑约束

1. 命令功能

平滑（GCSMooth）命令约束一条样条曲线，使其与其他样条曲线、直线、圆弧或多段线彼此相连并保持 G2 连续。第一个被选对象必须是样条曲线。

2. 操作方法

单击"参数化"选项卡中"几何"面板内的"平滑"命令按钮▟，命令行提示：

选择第一条样条曲线：（拾取第一条样条曲线）

选择第二条曲线：（拾取第二条曲线，命令自动执行并结束，如图 9-14 所示。）

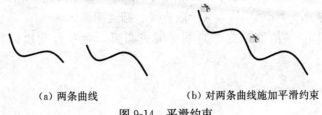

(a) 两条曲线　　　　　　(b) 对两条曲线施加平滑约束

图 9-14　平滑约束

9.1.11　对称约束

1. 命令功能

对称（GCSYmmetric）命令约束两个同类型对象相对于选定的直线对称。被约束的对象是两条直线时，相当于对称线平分两条直线的夹角；被约束对象是圆或圆弧时，两个圆心相对于对称直线对称，半径为第一个被选定对象的半径。

2. 操作方法

单击"参数化"选项卡中"几何"面板内的"对称"命令按钮，命令行提示：

选择第一个对象或［两点（2P）］＜两点＞：（拾取第一个对象）

选择第二个对象：（拾取第二个对象）

选择对称直线：（拾取对称直线，命令自动执行并结束，如图 9-15 （a）、图 9-15 （b）和图 9-15 （c）所示。）

3. 选项说明

"两点（2P）"选项：约束两点相对于一条直线对称，如图 9-15 （d）所示。

(a) 两个圆和对称线　　　(b) 约束两个圆对称　　　(c) 约束两条直线对称　　　(d) 约束两点对称

图 9-15　对称约束

9.1.12　相等约束

1. 命令功能

相等（GCEqual）命令可以约束圆或圆弧半径相同，或约束两条直线长度相等。

2. 操作方法

单击"参数化"选项卡中"几何"面板内的"相等"命令按钮▬，命令行提示：

选择第一个对象或［多个（M）］：（拾取直线、圆或圆弧）

选择第二个对象：（拾取第二个直线、圆或圆弧，命令自动执行并结束，如图 9-16 所示。）

3. 选项说明

"多个（M）"选项：顺次选择多条直线，使后选择的所有直线与第一条直线长度相同；或选择多个圆或圆弧，使后选择的圆或圆弧具有与第一个圆或圆弧相等的半径。结束命令可用空格键、Enter 键或鼠标右键。

9.1.13 自动约束

1. 命令功能

自动（AUTOCONstrain）命令根据对象相对于彼此的方向将几何约束应用于对象的选择集。

2. 操作方法

例如对图 9-17（a）所示图形执行自动约束。单击"参数化"选项卡中"几何"面板内的"自动约束"命令按钮▣，命令行提示：

选择对象或［设置（S）］：（框选或拾取要对其施加几何约束的对象集）

指定对角点：找到 5 个（提示有几个对象已被选择）

选择对象或［设置（S）］：（继续选择对象或者单击空格键、Enter 键或鼠标右键结束命令，如图 9-17（b）所示。）

已将 9 个约束应用于 5 个对象。（提示执行自动约束后的结果，五个重合约束、一个水平约束、一个垂直约束、两个平行约束。）

(a) 两个不等直径的圆　(b) 约束两圆直径相等　　　(a) 选定对象集　(b) 自动约束结果

图 9-16　相等约束　　　　　　　　　　　图 9-17　自动约束

3. 选项说明

"［设置（S）］"选项：打开图 9-18（a）所示"约束设置"对话框的"自动约束"选项卡，在此可以设置自动约束的约束类型和优先级。如果图 9-18（b）所示对话框中"几何"选项卡中的"推断几何约束"选项被选中，则在绘图过程中系统会自动推断并施加相应的几何约束。

(a) "自动约束" 选项卡

(b) "几何" 选项卡

图 9-18 "约束设置" 对话框

9.2 标注约束

"标注约束"用数值的形式约束和驱动几何元素的形状、大小以及相对位置，如长度、半径、直径和角度等。标注约束参数之间的数值关系可以用表达式加以确定，当设计系列产品时，一个参数数值变化，与之相关联的参数所约束的对象将随之改变。

标注约束命令的启动可以使用"功能区"选项板上"参数化"选项卡中"标注"面板内的命令按钮，如图 9-19 所示；或选择"参数（P）"下拉菜单中"标注约束"子菜单下的命令，如图 9-20 所示；还可以利用"标注约束"工具栏中的命令按钮，如图 9-21 所示；或从键盘输入命令名。

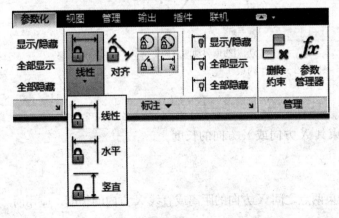

图 9-19 "标注" 面板

图 9-20 "标注约束" 子菜单

图 9-21 "标注约束" 工具栏

前面章节中讲到的尺寸标注相当于对绘制好的图形对象的测量和测量结果的显示，而标注约束则可以通过尺寸驱动图形对象的位置和大小，通过改变约束变量值可以快速更改设计。双击相应约束，尺寸数值成为可编辑状态，输入的新数值即可驱动对象产生相应的变化。

提示：对图形对象使用"标注约束"中的"线性"、"水平"、"竖直"、"对齐"和"角度"约束时保持相对固定的点或线段要首先拾取。

9.2.1 线性约束

1. 命令功能

线性（DCLinear）命令可以约束两点之间水平或竖直方向的距离。

2. 操作方法

"参数化"选项卡中"标注"面板内的"线性"命令按钮，命令行提示：

指定第一个约束点或［对象（O）］＜对象＞：（拾取图9-22所标注直线的右下端点）

指定第二个约束点：（拾取图9-22所标注直线的左上端点）

指定尺寸线位置：（放置成水平时为两点间水平方向距离，放置成竖直时为两点间竖直方向距离）

标注文字＝19（系统给出的测量尺寸，此时可以输入设计需要的数值。）

图9-22所示为使用"线性"命令的两个标注约束。

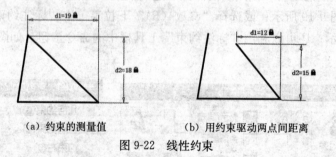

(a) 约束的测量值　　　　　　(b) 用约束驱动两点间距离

图9-22　线性约束

3. 选项说明

"对象（O）"选项：拾取直线约束其 X 方向或 Y 方向的长度。

9.2.2 水平约束

水平（DCHorizontal）命令可以约束两点之间 X 方向的距离或直线 X 方向的长度。应用时可单击"参数化"选项卡中"标注"面板内"线性"命令区的"水平"命令按钮，操作方法与"线性"约束相同，图9-23所示为用水平约束驱动直线两端点间水平方向距离变化。

9.2.3 竖直约束

竖直（DCVertical）命令可以约束两点之间 Y 方向的距离或直线 Y 方向的长度。应用时可单击"参数化"选项卡中"标注"面板内"线性"命令区的"竖直"命令按钮，操作方法与"线性"约束相同，图9-24所示为用竖直约束驱动直线两端点间竖直方向距离变化。

 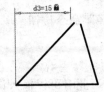

（a）约束的测量值　（b）用约束驱动两点间距离　　　　（a）约束的测量值　（b）用约束驱动两点间距离

图 9-23　水平约束　　　　　　　　　　　　　　　　图 9-24　竖直约束

9.2.4　对齐约束

1. 命令功能

对齐（DCALigned）命令可以约束两点之间的距离。

2. 操作方法

单击"参数化"选项卡中"标注"面板内的"对齐"命令按钮，命令行提示：

指定第一个约束点或［对象（O）/点和直线（P）/两条直线（2L）］＜对象＞：（拾取图 9-25（a）所标注直线的左上端点）

指定第二个约束点：（拾取图 9-25（a）所标注直线的右下端点）

指定尺寸线位置：（将对齐约束放置在适当的位置）

标注文字＝26：（系统给出的测量尺寸，此时可以输入设计需要的数值，如图 9-25（b）所示。）

3. 选项说明

（1）"对象（O）"选项：可以直接拾取直线约束其长度。

（2）"点和直线（P）"选项：可以约束点到直线的距离。

（3）"两条直线（2L）"选项：可以约束第二条被约束直线与第一条被约束直线平行且具有对齐约束指定的距离。图 9-25（c）和图 9-25（d）为此选项的实例。

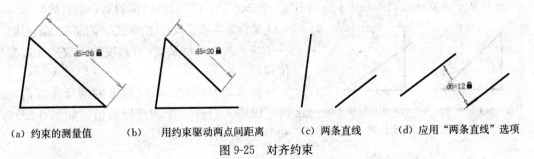

（a）约束的测量值　　　（b）用约束驱动两点间距离　　（c）两条直线　　（d）应用"两条直线"选项

图 9-25　对齐约束

9.2.5　半径约束

1. 命令功能

半径（DCRadius）命令可以约束圆或圆弧的半径。

2. 操作方法

单击"参数化"选项卡中"标注"面板内的"半径"命令按钮，命令行提示：

选择圆弧或圆：(拾取被约束的圆或圆弧)

标注文字＝4（系统给出的测量尺寸）

指定尺寸线位置：(将半径约束放置在适当的位置，此时可以输入设计需要的半径数值，如图 9-26 所示。)

9.2.6　直径约束

直径（DCDIAmeter）命令可以约束圆或圆弧的直径。应用时可单击"参数化"选项卡中"标注"面板内的"直径"命令按钮，操作方法与"半径"约束相同。图 9-27 所示为直径约束。

(a) 约束的测量值　(b) 用约束驱动半径变化　　　(a) 约束的测量值　(b) 用约束驱动直径变化

图 9-26　半径约束　　　　　　　　　　　图 9-27　直径约束

9.2.7　角度约束

1. 命令功能

角度（DCANgular）命令可以约束两条直线或三点之间的夹角以及圆弧所包含的角度。

2. 操作方法

单击"参数化"选项卡中"标注"面板内的"角度"命令按钮，命令行提示：

选择第一条直线或圆弧或［三点（3P）］＜三点＞：(拾取被约束的第一条直线)

选择第二条直线：(拾取被约束的第二条直线)

指定尺寸线位置：(将角度约束放置在适当的位置)

标注文字＝42（系统给出的测量角度值，此时可以输入设计需要的角度数值，如图 9-28 (a) 和图 9-28 (b) 所示。)

(a) 约束的测量值　(b) 用约束驱动角度变化

图 9-28　角度约束

3. 选项说明

(1) "圆弧"选项：约束圆弧包含的圆心角或圆心角的补角。

(2) "三点（3P）"选项：约束三点之间的夹角，第一点为夹角的顶点，第一点和第二点位置不动，第三点的位置可以通过输入角度数值来确定，即用角度约束"驱动"第三点的位置。

9.2.8 转换约束

1. 命令功能

转换（DCConvert）命令将图形中已标注的关联标注转换为标注约束。当与关联标注相关联的几何对象被修改时，关联标注将自动调整其位置、方向和测量值。非关联标注不能转换为标注约束，如在命令执行过程中选中则被过滤掉。

2. 操作方法

事先绘制好如图 9-29（a）所示的两组同心圆，用尺寸标注命令标注大圆直径和圆心距。

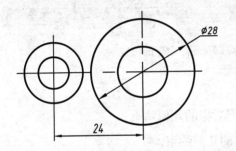
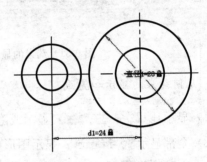

(a) 对图形进行尺寸标注　　　　　　(b) 将关联标注转换为标注约束

图 9-29　转换标注

单击"参数化"选项卡中"标注"面板内的"转换"命令按钮，命令行提示：

选择要转换的关联标注：(拾取直径尺寸 28) 找到 1 个

选择要转换的关联标注：(拾取圆心距尺寸 24) 找到 1 个，总计 2 个

选择要转换的关联标注：(可继续选择标注，若结束命令可用空格键、Enter 键或鼠标右键。)

转换了 2 个关联标注

无法转换 0 个关联标注

转换结果如图 9-29（b）所示。

9.2.9　标注约束参数表达式

标注约束的参数之间可以用表达式确定尺寸关联关系。当一个标注约束数值变化时，此标注约束对应的图形对象和与之关联的其他标注约束对应的图形对象将同时被驱动。图 9-30（a）和 9-30（b）所示为两个线性约束之间的数值关系，图 9-30（c）和 9-30（d）所示为两个直径约束之间的数值关系。

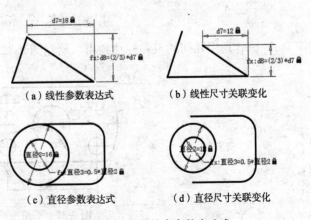

(a) 线性参数表达式　　　　(b) 线性尺寸关联变化

(c) 直径参数表达式　　　　(d) 直径尺寸关联变化

图 9-30　标注约束参数表达式

9.3　约束的显示与删除

几何约束和标注约束的显示、隐藏以及删除都可通过"参数化"选项卡相应的命令实现，这些命令的位置如图 9-31 所示。

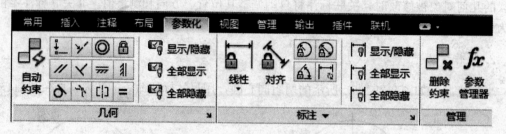

图 9-31　约束的显示、隐藏以及删除命令的位置

1. 几何约束的显示和隐藏

（1）显示/隐藏 **显示/隐藏**：显示或隐藏选定对象的几何约束。

（2）全部显示 **全部显示**：显示图形中所有的几何约束。

（3）全部隐藏 **全部隐藏**：隐藏图形中所有的几何约束。

2. 标注约束的显示和隐藏

（1）显示/隐藏 **显示/隐藏**：显示或隐藏选定对象的标注约束。

（2）全部显示 **全部显示**：显示图形中所有的标注约束。

（3）全部隐藏 **全部隐藏**：隐藏图形中所有的标注约束。

3. 删除约束

删除约束（DELCONstraint）命令用于删除选定对象的全部几何约束和标注约束，也可以直接用于删除某个标注约束，但不能单独用于删除某个几何约束。

9.4　综合演示

（1）综合运用几何约束和标注约束，绘制图 9-32 所示的平面图形。

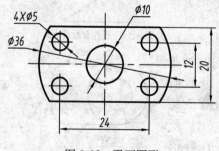

图 9-32　平面图形

①绘制长 42mm 的水平点画线和长 26mm 的竖直点画线,使其刚好交于中点上。以点画线交点为圆心画圆,如图 9-33 (a) 所示。使用"直径约束"命令约束圆的直径为 36mm,如图 9-33 (b) 所示。

②使用"偏移"和"修剪"等命令完成图形的最外轮廓。

③绘制左上角的小圆,使用"标注约束"中的"水平约束"、"竖直约束"和"直径约束"约束小圆的位置和直径,如图 9-33 (c) 所示。

④通过双击约束的形式将水平约束数值改为"12",将竖直约束的数值改为"6",将直径约束的数值改为"5",并画出其他几个小圆,如图 9-33 (d) 所示。

⑤使用"对称约束"约束右上角小圆和左上角小圆对称,同样方法分别约束左下角和右下角两个小圆与左上角和右上角两个小圆对称。并绘制中间的圆,如图 9-33 (e) 所示。

⑥利用"同心约束"约束中间圆相对于轮廓上的大圆弧同心,使用"直径约束"约束中间圆的直径。补画四个小圆的中心线,完成全图,如图 9-33 (f) 所示。

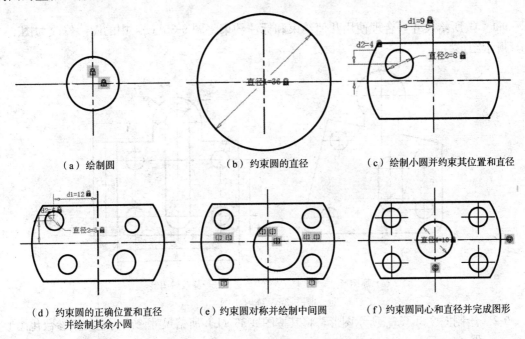

图 9-33　使用约束绘制平面图形

(2) 绘制并约束图 9-34 (a) 所示图形,并通过修改标注约束的方式转变成图 9-34 (b) 所示图形。

①用前面章节中学到的绘图方法正确绘出图 9-34 (a) 所示的图形。

②对图形施加自动约束,如图 9-34 (a) 中的相切、同心、重合约束。

③使用"几何约束"中"水平约束"的"两点"选项将左右两个圆心约束成水平,如图 9-34 (a) 中的水平约束。

④添加标注约束,确定各参数之间的关联关系,如图 9-34 (a) 中的标注约束,完成参数化绘图。

⑤改变标注约束参数之间的关联关系,图 9-34 (b) 所示为在图 9-34 (a) 的基础上改变"直径 2"和"直径 3"的表达式得到的结果。

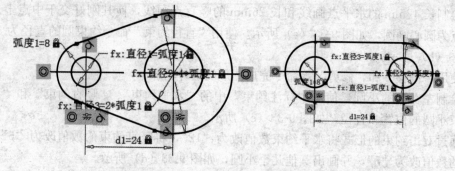

（a）参数化图形　　　　　　　　　（b）通过改变表达式改变设计

图 9-34　参数化绘图与设计

9.5　上机实践

9-1　按所给尺寸，合理使用几何约束和标注约束将图 9-35（a）中的图形修改为图 9-35（b）所示图形。

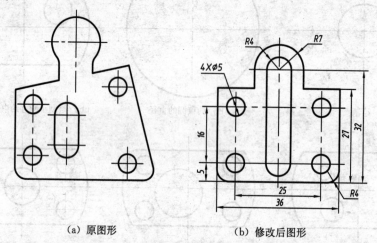

（a）原图形　　　　　　　　　　（b）修改后图形

图 9-35　练习 1 图

9-2　绘制图 9-36（a）所示图形，将其按图 9-36（b）所给尺寸修改为全约束参数化图形。

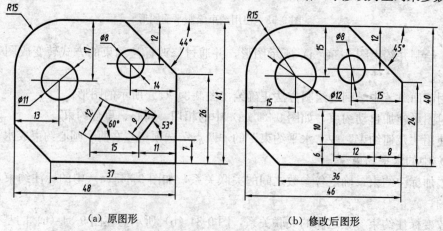

（a）原图形　　　　　　　　　　（b）修改后图形

图 9-36　练习 2 图